U0163062

WHISKY
DISCOVERY GUIDE

喝懂威士忌：
从小白到行家

富隆美酒学院 编著

中国轻工业出版社

图书在版编目（CIP）数据

喝懂威士忌：从小白到行家 / 富隆美酒学院编著. —北京：中国轻工业出版社，2023.8

ISBN 978-7-5184-4102-0

Ⅰ.① 喝… Ⅱ.① 富… Ⅲ.① 威士忌酒—基本知识 Ⅳ.① TS262.3

中国版本图书馆CIP数据核字（2022）第 152777 号

责任编辑：胡 佳　　　　　责任终审：劳国强　　整体设计：王健智　何锐彬
策划编辑：张 弘 胡 佳　　责任校对：朱燕春　　责任监印：张 可

出版发行：中国轻工业出版社（北京东长安街6号，邮编：100740）
印　　刷：北京博海升彩色印刷有限公司
经　　销：各地新华书店
版　　次：2023年8月第1版第2次印刷
开　　本：880×1230　1/32　印张：6.5
字　　数：250千字
书　　号：ISBN 978-7-5184-4102-0　定价：98.00元
邮购电话：010-65241695
发行电话：010-8511 835　传真：85113293
网　　址：http://www.chlip.com.cn
Email：club@chlip.com.cn
如发现图书残缺请与我社邮购联系调换
230929S1C102ZBW

序

在抗击新冠肺炎疫情的这些年，无论工作、生活，都让人感到有些压抑。但是生活的精彩和美好并不会缺席，因为我们身边依然有一众好友亲朋，而美酒也从没离开。俗话说，酒逢知己千杯少，与知己畅饮谈心乃人生乐事。适量饮酒可以让人身心舒畅，能够补充能量。从古代的中国"诗仙"李白，到现代的英国前首相丘吉尔，横跨古今、不分国界，无数才子佳人、皇室贵胄都是美酒的忠实"粉丝"。

在众多酒精饮品中，除了中国的白酒外还有一种酒，无论你是滴酒不沾，还是千杯不醉也会喜欢它，因为它悠久的历史，因为它多样的品饮方法，它既有内涵，又非常时尚，还具有收藏投资价值，年轻的饮家越来越多——是的，这种酒就是威士忌！

威士忌近些年的发展势头异常迅猛，主要原因如下：第一，虽然源自西方国家，后又在日本非常盛行，但满足了人们对时尚的一种偏爱；第二，品类繁多，价位从几十元到过百万，适合多种消费层次的预算；第三，部分产品可以专属定制，充分保护渠道利益；第四，高年份稀缺产品有收藏和投资价值；第五，产品包装和饮用方式丰富多样，深受年轻群体的青睐；第六，各大巨头集团长期推广，部分品牌有相当高的市场知名度。所以，这些年，如果不懂一些威士忌的知识，难免在社交场合会遭遇尴尬。

富隆美酒学院秉承一直以来的传统，继续搭建专业知识传播的桥梁。我们对威士忌的知识进行了系统梳理，务求通俗易懂、专业准确。从"小白"常见的问题入手，到市面上主流的实力品牌厂商介绍以及老饕们更深入的探讨，让各位可以"一书入门"，开启精彩的威士忌生活。

就像熊熊燃烧的蒸馏器炉火一样，纵使生活中有千般不如意，美酒依旧可以点亮我们的世界，为我们追求自由、舒畅和幸福的人生提供源源不绝的动力！

干杯！

富隆美酒学院总监
蔡颖姬

目录

03
老饕
面对面

附录

01

初识威士忌

酒，是一个时代的象征。

威士忌，一种原本颇为小众的烈酒已经悄无声息地来到我们的身边。在网上浏览，可以刷到；在超市闲逛，可以遇到；在酒吧消费，可以品到；在餐桌举杯，可以喝到……

越来越多的年轻人爱上了它，因为它既有深厚的文化底蕴，又充满时尚的个性魅力。它究竟是一种什么酒，应该怎么选，怎么喝？

接下来，让我们用六小节一起去了解它的历史，它的外观以及如何品饮。

揭秘蒸馏厂

威士忌,是酵母与粮食相互作用的自然馈赠(发酵),还是酒水在气液二态间转换的探索结果(蒸馏),更是时间赋予事物的奇妙变化(陈年)。下面,让我们一起走进蒸馏厂,通过六大步骤,去了解平平无奇的粮食种子是怎样转化成令人垂涎欲滴的香醇美酒的。

1.谷物处理

众所周知，酒精是由糖和酵母发酵而产生的。所以，首先我们要对粮食颗粒进行处理，让其中的淀粉转化成随时可以启动糖化的"预备"态。如果是大麦的话，需要先进行浸泡发芽，然后烘干研磨成麦粉（Grist）*。其间还可根据情况考虑在烘干的步骤中引入泥煤的风味。其他粮食，如玉米、小麦、黑麦等则需要经过蒸煮，进行糊化。

2.糖化

加水对谷物内的淀粉质进行溶解，然后利用糖化酶把淀粉分解为糖。

这个步骤决定了粮食的出酒率和背后的成本，对蒸馏厂的运作至关重要。在苏格兰，严苛的法规只允许采用大麦发芽时所产生的糖化酶来转化淀粉，所以，用其他粮食制作的谷物威士忌也需要添加麦芽进去，糖化后得到麦汁（Wort）。

3.发酵

糖在酵母的作用下转化成酒的过程，也是威士忌艺术化美感诞生的第一步。发酵的容器、温度、时间、选用的酵母都对最终的成酒有着巨大的影响。

在美国，几乎每个酒厂都使用自己培养的酵母种去塑造自己的风味。谷物发酵后可以得到酒精含量为8%~10%的麦酒（Wash），也叫威士忌啤酒（Whiskey Beer）。

趣 *大麦发芽期间的香甜气味会吸引很多老鼠光顾，所以不少威士忌酒厂都会养猫来抵御这些"小偷"。世界上捉老鼠最多的猫就是格兰塔蒸馏厂（Glenturret）的"陶色（Towser）"，一生中大约捕捉了28899只老鼠！真不愧为捕鼠能手！

4.蒸馏

酒液经过蒸馏和冷却收集后，浓缩成酒精含量超过65%的高度酒，就是传说中的"生命之水（Uisge Beatha）"。蒸馏器的样式、蒸馏的次数、酒液的截选，决定了酒的香气和口感，也是这家酒厂的风格所在。

5.陈年熟化

生命之水必须经过木桶的陈年储藏，才可冠上"威士忌"的名字。

随着时间的推移，木桶与酒液发生着奇妙的反应，令其变得越来越芳香醇厚。业界宣称，威士忌的个性中有70%来源于这个步骤，这是人力无法彻底了解的神秘过程。而每个桶的熟化过程受自身木质结构的影响，所在位置的温度、湿度等差异也无法被复制，所以每个桶都独一无二。

6.调配装瓶

这是人力对酒液的最后干预。从选择适合的桶藏，到按调配大师心中的设想进行混合调配，再到最终装瓶成型……这里面充满了人的决断和想象力。另外，厂家还会根据产品的情况选择是否进行焦糖色调色、加水稀释和降温冷过滤等工序。

酒标解读

Cask NO. 5865
单桶威士忌的桶编号

限量版威士忌的该
酒编号以及总瓶数

Speyside 斯佩塞
苏格兰威士忌的法
定产区之一，该单一
麦芽蒸馏厂的地理
位置。常见的还有
高地 Highland，低
地 Lowland ，艾雷
岛 Islay，坎培尔镇
Campbeltown 等
产区

70CL，容量

FOUNDED 1894
SPECIALLY SELECTED
AND EXCLUSIVELY BOTTLED FOR
AUSSING WORLD WINES & SPIRITS

N°: 190 BOTTLES 693 | CASK N°: 5865 | DISTILLED DATE: 19/11/2003 | 17

TAMDH

SINGLE CASK
SPEYSIDE SINGLE M
SCOTCH WHISKY
EUROPEAN OAK FIRST FILL
70cl e   SHERRY CASK   59.7% vol
VINTAGE 2003
DISTILLED AT TAMDHU DISTILLERY
SPEYSIDE, SCOTLAND

以橙色底色，白色字体解读的内容只有在一些特殊的威士忌酒款上才会出现。

其他常见标识还包括：
原桶酒精强度装瓶（Cask Strength），简称桶强，在装瓶前未经加水稀释工序；
未经冷过滤流程（Non Chill Filtered）；
自然色（Natural Colour），不经焦糖调色。

Selected and Exclusively bottled for 装瓶声明, 说明这个款酒的拥有者, 只有为特定市场、机构或个人所灌瓶的限量（或单桶）产品才有此标识

Distilled Date
单桶威士忌的蒸馏日期

17 Years 17年
酒液经橡木桶陈年的最短时间

Tamdhu 品牌或蒸馏厂名称

Single Cask 单桶
只装瓶自一个橡木桶的威士忌

Single Malt 单一麦芽
苏格兰威士忌的种类, 还有调和 Blended Whisky, 混合麦芽 Blended Malt, 单一谷物 Single Grains, 混合麦芽 Blended Grans共五种分类

European Oak First Fill Sherry Cask
欧洲橡木初填雪莉桶, 这是威士忌酒液陈年时所使用的橡木桶的类型

酒精度为59.7%

Vintage 2003, 威士忌蒸馏的年份

威士忌的品饮

威士忌是一种象征着自由的饮品。无论是历史上的地下酿酒*和走私，还是近代把威士忌跟充满反叛意味的摇滚乐挂钩，威士忌总是与自由的意志密切相关。所以说到饮用的方式方法，它也非常的"自由"，本真如纯饮、滴水、加冰，享受如冷热调酒、配餐、搭上雪茄，都任君选择。

趣 在美国的禁酒令期间，地下酿酒和走私的工作往往在晚上进行，所以这些私酿酒有个别称：月光酒（Moonshine），而这些违法的酿酒人被叫做月下人（Moonshiner）。

郁金香闻香杯和格兰凯茵品鉴杯

想要让一杯威士忌充分展示出它原本的风味，业内专家一致推崇的就是常温下纯饮。

用一个郁金香型的闻香杯，慢慢品啜。别忘了，在每一口酒之间小饮一口清水去舒缓被酒精紧抓的舌头。这样的慢品方式会让你真正地探索出一瓶威士忌的内涵。需要净饮的话，在酒吧里面你可以这样和侍者说："15 years old Tamdhu neat（来一杯15年的檀都，净饮）"。

当侍者把净饮的威士忌呈上的时候，你会发现他还会送上一小壶纯净水，里面放有滴管。这其实是给你配备了品饮的第二种方式——滴水喝法的所需物料。滴水可以说是烈酒里面独属于威士忌的品鉴方法。通过每次少量地往威士忌里面加水，酒液里的层层香气会被渐渐打开，让你每回的闻香都有新的发现，得到无穷的趣味。

至于第三种饮法——威士忌加冰, 这其实是一个备受
争议的话题。

诚然, 加冰可以降低威士忌的酒精刺激感, 让酒的入口
感觉更顺滑。但是, 低温会抑制香气的散发, 而且融化
的冰块会破坏性地稀释酒的滋味, 所以在专业的品鉴
会上, 基本不会看到冰的影子。

但, 如果是在炎炎夏日下的肯塔基州, 一瓶50%酒精
度的 "保税威士忌*", 纯饮的辛辣感会让你完全丢失
欣赏这杯酒的兴致。这时, 往杯子里加上冰块才是每
个人心里面的选择。这也是为什么在好莱坞的影视作
品里, 我们看到的威士忌画面往往都跟冰块相关。

*保税威士忌(Bottled-In-Bond), 是美国波本
威士忌在特定法规下的一种类型。详情请参看美
国部分的内容(P153)。

简单而言, 在日常的享乐中加冰与否, 完全是个人的
选择。所以, 不要羞于启齿, 大方地跟侍酒员说一句:
"Blue Label on the Rock (尊尼获加蓝牌加冰)!"

你看, 这就是自由的威士忌。

（趣）

　需要留意的是, 往威士忌中添加的冰块需选
择晶莹剔透、坚硬个大的冰块(俗称"老冰")。
这样的要求不单是为了美观, 还因为不够透明的
冰块里面含有比较多的杂质(主要是空气), 融
化的速度过快, 容易把酒液稀释。

　如果是在家享酒, 希望得到高质量的冰块, 则需
要购买一种特制的单向冷冻模具。如果是单纯希
望给酒降温, 把威士忌放进冰箱的冷藏格, 也不
失为一个便捷的好方法。

加冰块饮用威士忌

鸡尾酒

威士忌的自由, 还在于它所演变出来的千变万化的鸡尾酒。了解一下这些或经典或新潮的鸡尾酒配方, 可以让你轻松地在酒吧里收获羡慕的眼神, 也可以在朋友面前露一手绝活!

水割 Mizuwari 🍸

"水割法"是日本人发明的一种威士忌饮用方法。经调制后的威士忌风味淡雅，与美食搭配相得益彰，堪称是威士忌餐酒搭配的最佳方式之一。

威士忌 1份
水 2.5~3.5份
在杯中放入老冰，加入所有原料，充分搅拌，以柠檬片装点。

*知名公司三得利（Suntory）认为，1:2.5是调制水割的黄金比例。当然，针对所用酒和自己的喜好，黄金比例其实可以任意变化。

古典鸡尾酒
Old Fashioned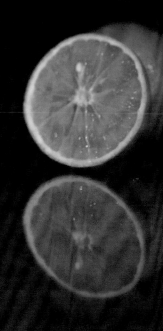

古典鸡尾酒是在酒吧中被点选频次
最高, 在电影中的上镜率最高的威士
忌鸡尾酒。

威士忌 2份
方糖 1方
安哥天娜苦精酒1滴
将原料混合好, 倒进装满大量冰块
的古典杯 (就是以这款鸡尾酒来命
名的酒杯), 最后放一片精心切割的
橙子皮装饰。

爱尔兰咖啡
Irish Coffee

虽然名字叫咖啡，但实际上这是一
杯鸡尾酒。酒如其名，它以爱尔兰威
士忌为基酒，以咖啡为辅料，是很多
热饮威士忌鸡尾酒的鼻祖，十分适
合在冬季饮用。

威士忌 1.5份
黑咖啡 4份
方糖 3方
奶油 1份
在温热的酒杯中加入威士忌、黑咖
啡和方糖，搅拌溶解，上层铺入奶
油。更炫酷的做法，可先把酒倒进杯
中，点火燃烧掉过多的酒精，再依次
加入其他原料。

嗨棒 Highball 🍸

"嗨棒"这个名字来自英文"Highball"的日语音译，起初泛指碳酸饮料与酒类混合调制的鸡尾酒。现在，因为日本依靠苏打水与威士忌混合的饮用方式把嗨棒发扬光大，所以，今天提到的嗨棒，就是这两者的搭配了。

威士忌 1份
苏打水 3份
在杯中放入老冰，加入威士忌充分搅拌，倒满苏打水，加柠檬片或姜片装点。

威士忌酸
Whisky Sour

威士忌酸也是以威士忌为基酒的经
典鸡尾酒，诞生时间可追溯到1862
年。至今，它依旧是最受欢迎的经典
鸡尾酒之一。

威士忌 2份
柠檬汁 1份
糖浆 1份
蛋清 0.5份（可选）
将上述原料放进雪克壶中，混合冰
块摇匀。最后滤入杯中。

罗伯罗伊 Rob Roy 🍸

1894年，由纽约的一名调酒师在华尔道夫阿斯托里亚酒店（Waldorf-Astoria）中发明。为了庆祝根据苏格兰民间英雄罗布·罗伊·麦克格雷格（Robert Roy MacGregor）的故事改编的歌剧上映，这款酒以剧中主角的名字命名。它常被称为苏格兰的曼哈顿（Manhattan）鸡尾酒。

威士忌 1.5份
干型味美思利口酒 0.75份
安哥天娜苦精酒 1滴
将上述原料混合冰块，搅拌均匀。滤入冷冻过的马天尼酒杯，并以橙片作为装饰。

教父 God Father 🍸

灵感来自著名奥斯卡获奖电影《教父》(*The Godfather*)的一款鸡尾酒。它的灵魂是具有意大利特色的苦杏酒。这款鸡尾酒的传统兑和比例是1:1，不过，现在更多人喜欢更甘洌的风格，所以威士忌的比例变得更高。

威士忌 1.5份
意大利苦杏酒 0.5份
在古典杯中放入冰块，加入所有原料，充分搅拌，以橙皮装点。

生锈钉 Rusty Nail 🍸

这是一款带有纯正苏格兰血统的鸡尾酒。不但含有来自苏格兰的威士忌，还有同样来自那里的杜林标（Drambuie）——意为"幸福的饮品（The Drink that Satisfies）"，一款以威士忌为基底，混合欧石楠花蜜以及香料所调成的利口酒。

威士忌 1.5份
杜林标酒 0.5份
在古典杯中放入冰块，加入所有原料，充分搅拌，以橙皮装点。

日本著名金属乐队X-JAPAN也有一首同名的歌曲，可以感受一边品酒，一边赏歌的乐趣。

威士忌冰茶* Iced T.E.A

除了上面的经典配方之外，我们还有很多创新型的鸡尾酒，由调酒师按照酒款的特点，还有当下的潮流进行二次开发。就如这份以汤玛丁威士忌（Tomatin）、伯爵茶（Earl Grey Tea）和苹果（Apple）三者组成的鸡尾酒，还各取了每个原料的英文首字母做它的名字（T.E.A）。

汤玛丁传奇单一麦芽威士忌 2份
冰冻伯爵茶 2份
苹果汁 2份
桃子味苦精 1滴
在杯中放入冰块，加入所有原料，充分搅拌，以桃子角装点。

*由汤玛丁单一麦芽蒸馏厂开发。

威士忌与美食

华灯初上, 朋友相约小聚, 带上一瓶小酒赴宴自然是极佳的选择。不过, 每当你对着桌上风味各异的好酒, 翻开图片精美的菜单时, 就会情不自禁地进入灵魂拷问的时刻了:

酒和菜怎么搭配, 才能让美酒和美食的风味完美地呈现呢? 让我们从美食的分类去了解。

趣 大美食家蔡澜跟大作家倪匡的最爱是腐乳配威士忌。

柿种、花生、松子和葵花子等零食

小吃·坚果

作为经典的佐酒小吃，法国的陈年硬奶酪、意大利的萨拉米香肠、西班牙的伊比利亚黑猪火腿、英国的烟熏果仁以及日本的国民下酒菜——柿种跟威士忌都可以说得上是绝配。那么在中国，又会有什么地道的小吃可以与之搭配呢？

其实，国内的酒友们喝白酒时最爱的油炸花生米，就是让威士忌融入我们日常生活的良配。花生米的香、酥、脆都能恰到好处地缓和威士忌的辛辣，还可以把陈年酒液里面蕴含的点点坚果气息牵引出来。同样，我们熟悉的各式炒货，特别是葵花子、松子都值得大力推荐。

如果对健康有更高的要求，不妨换成带点微酸滋味的拍黄瓜和泡椒凤爪。它们都能让酒精的劲道被化解于无形，从而凸显出威士忌里面的清新味道。

法国黑珍珠生蚝

海鲜 · 生蚝

海岛的泥煤型威士忌和生蚝是一对非常有默契的搭档。

在英法等国，生蚝是海滨城市的特产。在吹着惬意凉风的海边，撬开一个略带湿润的坚硬蚝壳。当肥嫩的生蚝肉滑进嘴巴的时候，满嘴的浓厚咸鲜，还有鲜果、水藻、榛子等香气，鲜美无比。此时，来一口同样带有海水气息的威士忌，让生蚝更显鲜甜。它还能让生蚝的矿物甘苦后韵得到延伸，绝赞！

直接把酒加进生蚝壳中，是艾雷岛的传统做法。日本著名作家村上春树就曾写下"把艾雷岛的威士忌滴加在刚撬开的生蚝内，伴着酒液把软滑的生蚝吞下，那是人间的一大享受。"

受此启发，大部分咸味较重的生鲜水产跟威士忌都容易相配，虾、章鱼、海胆、三文鱼皆可。在装盘的时候喷上些许酒液，还可以令菜肴增色不少。

海鲜 · 盐焗奄仔蟹

不同于西方人和日本人更爱生吃的海鲜（中国也有各式鱼脍，像珠三角地区的顺德鱼生就是经典），在中国厨师的巧手下，同样的海鲜能演变出千万种不同风格的美味。

即使简单如原只盐焗，岭南沿海在5月才上市的奄仔蟹（青蟹），它甘香的蟹黄、软糯的蟹膏和鲜美的蟹肉也滋味十足，在海水咸味的映衬之下更平添一份鲜甜。

对着这样的美味，选用威士忌的时候要特别注意，避免酒精度过高的桶强威士忌，因为它容易遮掩蟹的原味，还会让人味觉疲劳。一般来说，威士忌中如果含有新桶、波本桶、干邑桶、朗姆桶陈年带来的坚果味道，或者拥有菲奴或曼萨尼亚雪莉桶陈年所得的细致鲜味，都会与青蟹搭配得非常和谐。

类似的，清蒸大闸蟹、葱烧海参、花雕醉蟹、西湖醋鱼、红烧大黄鱼、黄河大鲤鱼、蒜香小龙虾、避风塘炒大虾等经烹调的水产都适合搭配上述风格的威士忌。

盐焗奄仔蟹

广式蜜汁叉烧

肉类 · 蜜汁叉烧和卤水鹅肝

如果说在广东最为人所知晓，能进家中餐桌，也可上酒店宴席的菜肴，一定包括蜜汁叉烧。这道菜是粤菜中的经典头盘，一片叉烧肥瘦相间，瘦的肉香浓郁而不柴，肥的略带焦香且入口即化，每一口都咸鲜中带着甜美，肥而不腻。

这样的浓厚质感与威士忌搭配非常适合，特别是桶强型的威士忌，在一般的菜肴前都稍显霸道，但是在叉烧面前却表现得相当乖巧。

与叉烧相近的甜口菜肴，像东坡肉、咕噜肉、无锡排骨都可依照类似的道理，以酱料焖煮的菜式，像红烧蹄髈、猪肉炖粉条、小鸡炖蘑菇，甚至远到苏格兰的特色哈吉斯（Haggis）——肉馅羊肚都是桶强威士忌的大爱。

在很多人的脑海中，说起鹅肝，只会想起法国的煎鹅肝。实际上，在中国也有同样高级的珍馐——潮式卤水粉肝。在潮汕地区，脂肪含量大于50%的上等鹅肝名为粉肝，经过卤水浸煮后，肉质细腻、香浓异常，是很多美食家的最爱。

滋味丰富的鹅肝跟威士忌搭配起来可以说是毫无难度，特别是与雪莉桶威士忌最为默契。甜香料、果干、橘子皮的香气，还有甜厚的质感都可以在卤水中找到共鸣的元素。如果让鹅肝和酒在嘴里面一起咀嚼，绝对每一口都迸发出满满的幸福感。

家禽类、炖煮类和口感相对清淡的菜肴都可以参考这样的搭配，好像北京的卤煮、烤鸭、涮羊肉，上海的八宝鸭，常熟的叫花鸡，芜湖的无为板鸭，广东的烧鹅，海南的白切东山羊，江浙的狮子头，东北的酱骨头……搭配起来都会有不错的效果。

潮式卤水粉肝

川式宫保鸡丁

肉类 · 宫保鸡丁

宫保鸡丁，一道在2013年随"神舟十号"飞船被送上太空的"宇宙级"名菜。虽说它的身影遍及齐鲁、贵州甚至海外的华人餐馆，且口味各有不同，但论普及，应该是川渝口味的宫保鸡丁最为人们所熟知。鸡肉鲜嫩、花生香酥、葱段爽脆，加上甜、酸、咸、鲜、麻、辣味道的交织，这样的宫保鸡丁实属"天下第一下饭菜"。无论在高级餐馆还是苍蝇小馆，你总会闻到它的诱人香气。

充满着市井气息的鸡丁自带随和的个性，可以说跟所有的威士忌都不冲突。自带烟火香气的泥煤型威士忌、香味层次丰富的调和型威士忌、美国的波本威士忌跟它搭配都相得益彰。

焦香味重的烧烤、油炸、爆炒类食物其实都是威士忌的绝配：内蒙古的烤全羊、新疆的传统红柳枝烤羊肉、北京的葱爆羊肉、云南的薄荷牛肉、印度的坦都里烤鸡、泰国的香兰叶炸鸡、意大利的战斧牛排……甚至，简单如美式快餐店里面的炸鸡，都不会出错。

汤品·佛跳墙

鲜香味美的佛跳墙曾经登上过国宴舞台，可以说是全球知名度最高的汤品之一。作为一道汤菜，食客大可尝试往里面添进一勺威士忌。虽说佛跳墙在烹调过程中已经加入了上等花雕酒来除腥，但是，往汤里面加入威士忌会让汤的香味更丰富，质感也更丰厚。说不定还可能会出现意料之外的神奇变化。中国台湾著名酒评人林一峰老师就在书中记载过，往老鸡汤中加上威士忌会出现姜母鸭的味道。你也可以尝试给盅里的佛跳墙添上一勺威士忌，看看会不会有惊喜到来。

以此类推，几乎所有的汤菜都可以尝试和威士忌相配，像气锅鸡、三套鸭、野菌汤、胡辣汤、清炖羊肉……

福州佛跳墙

37

甜品·巧克力

香甜丝滑、入口即化的巧克力是很多女士的最爱。有讲究的朋友还会依照产地来挑选精制的手工巧克力（Artisan chocolate），探究里面的花香、植物香、果味、坚果味……还有绵绵的酸苦涩口感。巧克力应该是威士忌最传统、最不会出错的搭配伴侣。口感温暖、香气复杂的威士忌似乎能与各种巧克力都融为一体。选一个可可含量足够高（70%以上）的黑巧克力，去享受这种奢华的感受吧！你一定不会后悔。

甜品和威士忌的搭配永远不会出错。在冰激凌上倒进果味浓厚的威士忌，把红酒雪梨中的红酒换成轻松柔和的威士忌，在一杯热巧克力中直接加进威士忌……想知道哪一个是最佳搭配吗？可能，全部都是！

笔者最爱的佐餐威士忌就是"带点气、掺了水"的威士忌——嗨棒。如果说香槟是葡萄酒里面最百搭的，加入苏打水的嗨棒，味道轻重可自由调节，麦芽香味清润香甜，咝咝的气泡还可以解腻，是配餐的一绝。

意大利果仁黑巧克力

威士忌与雪茄

传统上，威士忌是餐后酒（After-dinner Drinks）。饮用的场景正如我们脑海中的画面：一群绅士围炉而坐，在雪茄的烟雾缭绕中轻嘬着威士忌，兴高采烈地聊着文化艺术、政治经济……

这个画面中的威士忌和雪茄，恰恰是上流社会的绅士们标榜自我的利器。

1969年曾风靡一时的好莱坞喜剧片《长征万宝山》（Paint Your Wagon）里就有这样一句令人印象深刻的台词："也许你并不认同，但请你相信我，除非你已经抽了一口上好的雪茄，并且喝了一口威士忌，否则你将错过生活中第二件和第三件美好的事情。"

英国前首相、战时领袖温斯顿·丘吉尔（Winston Churchill）对雪茄和威士忌的痴迷达到了令人无法想象的地步。很多人甚至说：他一边喝着威士忌，一边抽着雪茄，拯救了这个世界。

雪茄与威士忌的碰面，有如高山流水遇知音——雪茄中话梅、蜂蜜的甜香，可可、坚果的苦香，鲜花、豆蔻的植物香都能在威士忌中找到相仿的风味。当这对香气各具特色的搭档相遇时，它们所碰撞出的火花永远都让人沉醉。

檀都雪茄甄选单一麦芽威士忌

清淡的雪茄适合与轻盈的威士忌相配,如响、白州、皇家礼炮等;中等体量的雪茄适合与斯佩塞(Speyside)这类果香型的威士忌相衬;如果是风味浓郁的雪茄,重口味的桶强型、雪莉桶和层次分明的老年份威士忌则是最佳搭档。不过,在很多人想当然地用艾雷岛(Islay)的重泥煤威士忌跟雪茄去搭配的时候,就有专家认为,过重的泥煤气味可能会跟雪茄的烟熏味相冲,更需谨慎。

市面上最有名的、专用于搭配雪茄的威士忌,莫过于大摩的雪茄三桶威士忌(Dalmore Cigar Malt Reserve)和檀都的雪茄尊享威士忌(Tamdhu Cigar Malt)。

大摩早在1999年就推出过用于搭配雪茄的威士忌,可惜,2009年时停产。2012年,此酒卷土重来,以美国橡木波本桶、加甜的30年奥罗露索雪莉桶和赤霞珠红葡萄酒桶的藏酒以2:7:1的比例调成。正如大摩的调配大师,著名雪茄迷理查德·帕特森(Richard Paterson)自述:它的酒体、结构和风味特质是优质雪茄的完美伴侣。

推荐搭配:奥罗拉年份雪茄(La Aurora Puro Vintage 2005)

檀都的雪茄尊享威士忌则是在2021年诞生的新星。以稀有的欧洲红橡木奥罗露索雪莉桶去熟化的这款酒,来自比常规产品更老的秘密年份,不经冷过滤,以桶强装瓶。酿酒大师精心挑选所得的数十个桶藏就像雪茄中所卷的每一片烟叶,都有各自的风味,都是时间孕育的结晶。丰富浓厚的质地跟重量级的古巴手工雪茄是绝配。

推荐搭配:高希霸长矛(Cohiba Lancero)

02

世界名酒探索

酒，是一种流动的艺术。

每一口威士忌，背后都有一段故事，一群付出智慧和心血的匠人和一种独特的个性。打包行李，坐上火车，带着品饮的酒杯，让我们一起去探索精彩的威士忌世界吧！

世界的威士忌

只要有谷物、蒸馏器和木桶,世界上的任意一个角落都可以出产威士忌。

苏格兰近百年来都是全球最重要的威士忌产地,有着冠绝世界的产量和销量,还有尊尼获加、芝华士、麦卡伦等广为人知的名牌,更有让其他新兴产区竞相模仿的影响力。可以说,它代表了世界威士忌的公则。

产量极端靠前,大洋彼岸的美国也是影响力非凡的威士忌重要产地。美国早在殖民时期就已经引进了威士忌,还因地制宜地创造了以玉米和黑麦为核心的威士忌。加上美国文化的输出,它的威士忌全球知名。

至于威士忌的发源地爱尔兰和后晋新星日本也有着极佳的酿酒传统。近十年来,威士忌的市场热潮也推动着产业的发展。这两国现在每年都有多家新酒厂落成,呈现出一片欣欣向荣的景象。

此外,这个热潮更蔓延到世界其他原本并无威士忌生产传统的国家,如作为葡萄酒大本营的法国、由传统高度白酒统治的中国、以啤酒为傲的德国、被辛辣芳香的金酒所覆盖的荷兰……每个国家都有新的酒厂建成,把威士忌融进自身的酿酒文化中,出产着个性独特的威士忌。

新的酿酒理念、原料、工艺……今天的威士忌产业充满活力,各国、各酒厂都迈着大步跨进了一个百花齐放的新时代。

苏格兰威廉堡 (Fort William)

苏格兰 Scotland

苏格兰以全世界最大的产量、出口量，最多的名优酒款成为世界上最受瞩目的威士忌产区，是众多威士忌爱好者的朝圣之地。甚至连现在大热的日本威士忌，也把苏格兰威士忌看作学习甚至模仿的对象，由此可见苏格兰威士忌的世界地位。

苏格兰威士忌的历史

在苏格兰,有关威士忌的记载可以追溯到15世纪。在1494年的苏格兰国家财政年鉴(Exchequer Rolls of Scotland)中,就有苏格兰国王詹姆斯四世划拨一些大麦用于制造"生命之水"(蒸馏烈酒,未经木桶陈年的威士忌)的记录。

> **"**
> Eight bolls of malt to Friar John Cor wherewith to make aqua vitae.
> 把八个铃(容量单位)的麦芽给天主教修士约翰·柯尔来制作生命之水。
> **"**

国王之所以支持制作生命之水,主要是它有着治疗天花和绞痛的药用价值。后来,可能是这些酒饮用后飘飘欲仙的"副作用",最终使它摇身变成了全民喜爱的享乐饮料。

可是,蓬勃的威士忌产业引起了当政者的注意。1644年,苏格兰国会对威士忌的原料(麦芽)和成品进行征税,由此拉开了近三百年的威士忌非法私酿的历史帷幕。为了躲避税务官*的追寻,威士忌的私酿作坊纷纷从爱丁堡等大城市周边撤离,躲到高地的深山老林中。为了能把酒安全地运输出去,他们以各种方式进行伪装——谎称是羊毛消毒液(Sheep Dip),把酒藏于棺材……更催生了直面消费者的威士忌零售店"杂货铺",这些杂货铺后来更演变为今天的各大威士忌集团和独立装瓶商,这让苏格兰威士忌的世界变得更为精彩。

*不受待见的税务官也曾出过名人,如著名的诗人罗伯特·彭斯(Robert Burns)。《友谊地久天长》就是由他所整理的苏格兰民歌,今天已经传唱于世界各地。

以羊毛消毒液为名字的威士忌，记录了私酿威士忌的历史

罗曼湖旗下使用麦芽，经科菲蒸馏器制作的单一谷物威士忌

18世纪，英国率先完成了工业革命的转化，威士忌随着英国的全球化扩张迎来了早期的成功。那些销售威士忌的杂货铺通过把酒运往海外，成为世界知名的品牌，其中包括今天大家耳熟能详的尊尼获加（Johnnie Walker）、芝华士（Chivas Regal）和帝王（Dewar's）。另外，对于这些销量巨大的品牌来说，单一的私酿作坊无法满足他们对产量和品质的需要，所以他们会把多家酒厂的原液混合调配，也就此催生出了调和威士忌这一品类（当时的调和威士忌实际上是混合麦芽威士忌）。

1823年，苏格兰的议会通过了一系列法案，让威士忌可以正常、合法运营，威士忌重新走向光明。随着销量攀升，麦芽蒸馏厂的高成本和产量难以提升变成了行业发展的瓶颈。直到1831年，科菲连续式蒸馏器被发明，谷物威士忌登上历史舞台。它的产量有保障，成本可控，迅速成为大集团们最倚重的原液，而由麦芽和谷物混合而成的调和威士忌，也成为市场的主流。

第二次世界大战后，调和威士忌面临着价格低廉的伏特加、金酒和朗姆酒的竞争，陷入销售困境。销量的下滑让原本作为原液供应商的麦芽酒厂同样需要寻找方式自救。1963年，格兰菲迪麦芽蒸馏厂决定把窖藏的原液不经添加谷物酒液调和直接装瓶，从而诞生了现代真正意义上的第一瓶单一麦芽威士忌。

强烈、浓郁，充满独特个性的单一麦芽威士忌吸引了全球消费者的注意。单一麦芽也终于在两百年后，重新站在世界舞台的中央。

今天，苏格兰一共坐落着138家威士忌蒸馏厂（2021年数据），大多都全年无休地运转。陈酿车间中有约2200万个橡木桶的原液正在沉睡，等待我们去探索。在全球，超过180个国家的消费者对这个英国的国饮表示热爱，也让威士忌成为英国除了石油以外的第二大液态出口产品。

1963年生产的史上第一瓶单一麦芽威士忌

苏格兰的威士忌产地

与我们熟知的葡萄酒产区类似,对于威士忌来说,苏格兰各地的环境、水源以及调配大师的酿酒理念都影响着酒液的风格。根据地理位置和酒款风格,苏格兰被划分为五大产区(六种风格)。

 ### 斯佩塞 Speyside

斯佩塞位于苏格兰高地北部,是斯佩河沿岸的山谷区域。源于雪山的斯佩河为沿岸的酒厂提供了酿造威士忌过程中所需要的水源,让这里成为苏格兰蒸馏厂的聚集地。

虽然面积不大,但斯佩塞毫无疑问是苏格兰威士忌的精髓所在。如今,有超过50%的苏格兰蒸馏厂坐落于此,其中就包括了闻名世界的麦卡伦(Macallan)、格兰菲迪(Glenfiddich)、檀都(Tamdhu)。

斯佩塞的单一麦芽威士忌整体风格芳香馥郁,主要可分为两大流派:经典的甜美饱满风格,如檀都、百富(The Balvenie)和现代的清新风格,如格兰威特(Glenlivet)、格兰菲迪。

斯佩河

高地 Highland

向着苏格兰北方出发，当你看到满眼的山丘、峡谷和湖泊的时候，你脚下所踩的就是高地。

高地是苏格兰面积最大的威士忌产地。数百年的威士忌历史在这里得到了完美的传承，著名蒸馏厂——大摩（Dalmore）、汤玛丁（Tomatin）、格兰杰（Glenmorangie）都坐落于此。在地理位置上，高地包含斯佩塞，由于超卓的名望，直到今天还有多个坐落在斯佩塞的蒸馏厂依旧使用高地来标榜自我，麦卡伦和格兰花格（Glenfarclas）便是如此。

因为所在地域宽广，高地威士忌的风格非常多样，但总体而言都不离其核心: 甜美、饱满。如果酒厂靠近海边，还有可能带有清新的海洋气息。

斯佩塞于2009年以高地子产区的形式获得了自己的产区标记。

 高地（岛屿区） Islands/Isle

在苏格兰，除了艾雷岛以外，还有六个岛屿也出产威士忌，分别是奥克尼岛（Orkney）、路易斯-哈利斯岛（Lewis and Harris）、斯凯/天空岛（Skye）、朱拉岛（Jura）、冒尔岛（Mull）和艾伦岛（Arran）。

这些岛屿的威士忌在法定意义上来说隶属于高地。然而，在风味口感上，它们又与艾雷岛有几分相似。所以，很多威士忌爱好者习惯将这六个岛屿看作拥有单独风格的产区。

岛屿区的酒风格多样，其中最具代表性的风格是平衡和复杂。它既有泥煤的烟熏，又有海风的清冽，更有麦芽的清新和雪莉桶的甜美。为人熟知的高原骑士（Highland Park）和泰斯卡（Talisker）都是这个产区的佼佼者。

高地

 艾雷岛 Islay

泥煤威士忌凭借独特的风味给人留下了深刻印象。放眼苏格兰,最为知名的泥煤威士忌产地莫过于苏格兰西南部的艾雷岛。

作为泥煤威士忌的重镇,艾雷岛仅凭九座威士忌蒸馏厂,就吸引了全世界威士忌爱好者的目光。其中人们耳熟能详的有波摩(Bowmore)、拉弗格、卡尔里拉(Caol Ila)、阿贝(Ardbeg)、布赫拉迪(Bruichladdich)和乐加维林(Lagavulin)。

艾雷岛由泥炭藓形成的泥煤让这里的威士忌自带强烈的消毒水、碘酒、海水的气息,独特的风味令人难以忘怀。

艾雷岛一角

 坎贝尔镇 Campbeltown

坎贝尔镇，一个位于苏格兰西部的半岛小镇，也是传说中与爱尔兰和苏格兰国王息息相关的"命运之石（The Stone Of Destiny）"的发源地。19世纪初，坎贝尔镇曾以超过30家蒸馏厂的规模冠绝全球，获得"世界威士忌之都"的美誉。

但是，在20世纪20年代，美国（苏格兰威士忌的最大市场）禁酒令的颁布，让坎贝尔镇的威士忌生产受到了巨大的冲击，几乎一夜消亡。直到2004年，随着区内第三家蒸馏厂，隶属于云顶（Springbank）旗下的格兰盖尔（Glengyle）蒸馏厂的重新开启，坎贝尔镇才达到了申请独立产区的最低要求，"Campbeltown"的名字终于被重新写上酒标。

云顶是目前产区内知名度最高的生产商。所酿的威士忌带有泥煤的烟熏，花果香丰富，质感油润，坚守着"失落"的苏格兰古典风味。

 低地 Lowland

低地就是苏格兰南部的大片开阔平原。由于靠近首府爱丁堡，在私酿威士忌盛行的年代，税务官的频繁"光顾"让这里的蒸馏厂纷纷迁移，销声匿迹。所以，即使在数百年后的今天，低地产区的蒸馏厂也只有寥寥数家。著名烈酒公司麦卡莱（Ian Macload）旗下的玫瑰堤岸（Rosebank）便是低地的代表。

苏格兰

麦卡伦
The
Macallan

麦卡伦奢想湛黑单一麦芽威士忌2018限量版
酒标及外盒的影像作品为麦卡伦的蒸馏壶

被著名酒评家迈克尔·杰克逊（Michael Jackson）称为"威士忌中的劳斯莱斯"的麦卡伦，当之无愧是威士忌中呼声最高的名牌。

黄金诺言大麦（Golden Promise）、矮胖的蒸馏器、标志性的雪莉桶——铸造出饱满油润、甜美醇和的风格特征，让麦卡伦成为浓重派系的典范。而麦卡伦的成功也吸引了一系列酒厂跟随：相同血统的格兰格尼，有着黄金诺言大麦；檀都和格兰路斯（Glenrothes），有着华美的奥罗露索雪莉桶；远在日本的轻井泽，则是全面地模仿，甚至直接从苏格兰引进相同的原料和用桶，才获得了亚洲威士忌最高价的辉煌成就。

随着黄金诺言大麦逐渐被遗忘，麦卡伦车间中矮胖的洋葱形铜壶蒸馏器变成了它塑造风格的第一要素。源自这样的蒸馏器，麦卡伦的生命之水香气浓厚，充满麦芽和辛辣香气，质感油润厚实。

（趣）麦卡伦造型别致的蒸馏壶还被苏格兰国家银行印刷在10英镑的纸币上。

麦卡伦个性的第二大要素就是它的陈年用桶——欧洲和美国的雪莉桶。其中，欧洲红橡木的奥罗露索雪莉桶，可以说是麦卡伦的当家法宝。只有麦卡伦油脂感充足的生命之水才能降伏霸道的欧洲橡木桶，不被欧洲橡木劲道的单宁所影响，不被桶内辛辣刺激的香气所掩盖。而最终的成品便是麦卡伦的标准风格——浓厚、辛辣，充满果干和巧克力的滋味。

为了确保雪莉桶的高品质，麦卡伦还创造了一个特殊的职位——"木桶大师（Master of Wood）"，来监管木桶的生产和使用。上至在森林中挑选做桶的木材，下至与桶匠协商雪莉桶的制作标准，再到工厂内监管木桶的使用和修复，他为每一滴麦卡伦的质量提供着坚实的保障。

作为单一麦芽酒厂产量三甲的麦卡伦，只用雪莉桶陈酿还无法满足它的市场需求，也难以创造更多的风味。所以，麦卡伦还会使用波本桶熟化得到口感更轻盈的原液，用于业内的原酒交易和创造更新的口味。其"黄金三桶"系列的威士忌就是由欧洲橡木雪莉桶、美洲橡木雪莉桶和美国波本桶，三种桶熟成的原液调配而成。

麦卡伦经常是拍卖行中的主角，数次刷新全球最贵单瓶威士忌的纪录，包括：

2018年5月，麦卡伦60年单一麦芽威士忌1926，瓦莱里奥·阿达米手绘；

2018年11月，麦卡伦60年单一麦芽威士忌1926，迈克尔·迪伦手绘；

2019年10月，麦卡伦60年单一麦芽威士忌1926。

趣

2017年，网络作家唐家三少在瑞士的恶魔之地（Devil's Place）酒吧（吉尼斯世界纪录中的"世界最全威士忌酒吧"），以近7万元人民币的价格试尝了一杯1878年的麦卡伦。可惜，正如他笔下的小说讲究跌宕起伏，这次品酒体验也同样有着出人意料的结局：这杯绝版美酒最终被宣告是一瓶假酒。

只使用欧洲橡木雪莉桶陈年的麦卡伦18年单一麦芽威士忌

苏格兰

高原骑士
Highland
Park

高原骑士，忠于奥克尼的岛屿区
之王。

成立于1798年的高原骑士，是苏
格兰排得上号的老牌酒厂。早在
1883年，高原骑士的威士忌已经
随着当时最大的邮轮彭布罗克城堡
号（Pembroke Castle）前往哥本
哈根，呈献于丹麦国王、俄国沙皇、
时任英国首相格莱斯顿（William
Ewart Gladstone）的面前，并被
称赞为"最好的威士忌"。时至今
日，它依旧是苏格兰最出色的威士
忌之一，常年登上世界最昂贵的25
款威士忌和最值得收藏的十大威士
忌榜单。

高原骑士位于北纬59°的奥克尼群岛之上。岛上凛冽的海风和饱含欧石楠的泥煤都让高原骑士的酒款有着奥克尼的风土个性: 拂面而来的海风咸香和欧石楠的花蜜甜香。另外, 作为麦卡伦的兄弟酒厂, 高原骑士自2004年起就一脉相承地只用雪莉桶陈酿, 这让这款岛屿区的酒带有与名字相近的高地厚实风格。

高原骑士会自行开采岛上霍比斯特河岸(Hobbister Moor)中的泥煤用于自行发麦, 这些麦芽可满足酒厂每年20%的产量需求。

复杂而平衡, 融合了海洋、花香、烟熏和雪莉桶的甜美, 这就是高原骑士让人难以忘怀的滋味。

因为奥克尼群岛在历史上曾是维京人(Viking)的领土, 所以, 高原骑士的酒款命名方式和酒瓶上的花纹雕饰都充满了维京的民族特色。

现在国人对维京最熟悉的不外乎漫威电影中的雷神托尔(Thor), 他所居住的阿斯加德(Asgard)就是北欧(实际上是维京)神话中的神国。

高原骑士18年维京人的骄傲
Highland Park 18 Year Old – Viking Pride

酒精度43%

大比例的欧洲红橡木和美洲白橡木初填雪莉桶陈年

香气奔放, 混合着柔和的泥煤、太妃糖、鲜花和蜂蜜的软甜香气。入口后有着极佳的平衡, 炖煮过的水果、烟熏和咖啡的味道在口中慢慢绽放, 余味悠长。

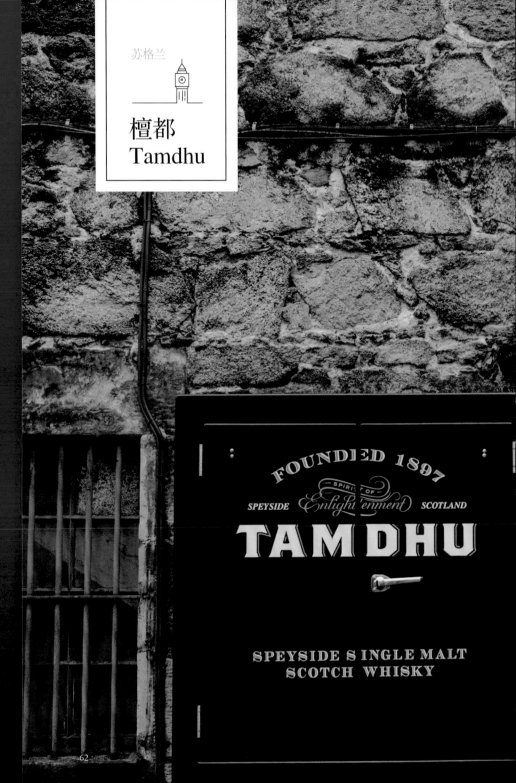

苏格兰

檀都
Tamdhu

1898年，威士忌史上最大的热潮（Whisky Boom）爆发。檀都，在等同于今天两千万英镑的巨额投资下成立，背后的投资人都是今天调和威士忌的头部品牌：尊尼获加（Johnnie Walker）、帝王（Dewar's）和格兰特（Grant）。随后，铮亮的铜制蒸馏器不断地填充进这个斯佩塞河边的酒厂中，回报全世界对它丰腴甜美的麦芽原液的钟爱。

但是，随着单一麦芽风潮的兴起，相距数分钟路程的麦卡伦得到它的执掌人爱丁顿的青睐而发展，而同属一个集团的檀都却逐渐被遗忘在威雀（Famous Grouse）和顺风（Cutty Sark）等调和威士忌的原液供应者名单上。

直到它遇到现在的主人——麦卡莱烈酒集团，2013年，檀都的名字才从幕后跳到台前。不鸣则已，一鸣惊人。它采用与麦卡伦同源的雪莉桶，而且坚持所有的酒款都使用100%雪莉桶陈酿，它所打造的斯佩塞传统风格，仿若果汁般的甜美口感都让人着迷。

中国台湾"威士忌教父"林一峰先生曾推荐过檀都：它是"一家历史悠久的酒厂，酒的品质非常优越，又符合拍卖市场上流行的雪莉桶趋势，而且是最热门和稀有的欧洲橡木""升值潜力巨大""足以和麦卡伦一较高下"。

2017年，檀都借着成立120周年的契机推出的檀都50年单一麦芽威士忌赢得了全世界的瞩目，荣登"全球最昂贵的25款威士忌"榜单。最近，檀都顺应潮流推出了稀有的单桶威士忌，并在2020年获得威士忌世界大奖赛的最佳单桶单一麦芽威士忌大奖。

未来，在檀都继承自爱丁顿，现在由麦卡莱所执管的地窖中还有着什么样的惊喜呢？我们拭目以待！

檀都12年单一麦芽苏格兰威士忌
Tamdhu 12 Years Old Single Malt Scotch Whisky

酒精度43%

首次装填和二次装填的奥罗露索雪莉桶

幽幽的白兰花香，不断下潜的层层蜜饯和蜂蜜浓香，还有香蕉、橘子酱和冰镇桂皮的滋味。口感丰厚甜润，余韵甘甜。

苏格兰

格兰格尼
Glengoyne

格兰格尼建于1833年，是一个被高地和低地分界线所横穿的单一麦芽蒸馏厂。近半个世纪以来，它一直与爱丁顿息息相关，曾是爱丁顿旗下威雀的重要麦芽原液供应商。2003年，格兰格尼由麦卡莱接过指挥棒，终于独自闯荡市场，建立起自己的名望。

格兰格尼的酒有三大特点。

1. 黄金诺言大麦。黄金诺言曾在20世纪70年代盛行一时，可惜，产量低、成本高的它已被产量更优的新品种所取代。不过，它独有的油润质感让麦卡伦一直都依依不舍，直到1994年才最终割舍。目前，在苏格兰也只有格兰格尼还延续着使用黄金诺言大麦的传统。

2. 缓慢的发酵和蒸馏操作。来自19世纪后期时任酒厂负责人所遗留的传统，格兰格尼是苏格兰蒸馏厂中蒸馏速度最缓慢的。通过这样的慢工，格兰格尼可以剥离酒液中的各种杂味，截取出独有的麦芽和水果甜香。

3. 奥罗露索雪莉桶。像檀都一样，格兰格尼从爱丁顿身上继承了雪莉桶的基因，而麦卡莱也一如既往地坚持着这个传统，不惜成本地为格兰格尼插上雪莉桶的翅膀。

这就是格兰格尼，甜美柔顺，充满花果和麦芽香气的"真正麦芽滋味（The Real Tastes Of Malt）"。

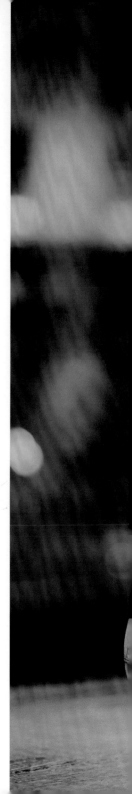

"船只漂荡在福斯和克莱德运河(Forth & Clyde Canal)的平静河面上,两岸的河堤点缀着粉色的玫瑰,远处飘来一阵似有若无的花香……"这是百年前,游走于爱丁堡和格拉斯哥之间旅客的记忆,而那阵香气,正是来自玫瑰堤岸酒厂的馥郁酒香。

玫瑰堤岸成立于1840年,在过去的百年间,它一直都是帝亚吉欧(Diageo)集团的成员,一边为顶级调和威士忌尊尼获加的乔治五世(Johnnie Walker King George V)供应原液,一边也独自成酒,担当着帝亚吉欧经典单一麦芽威士忌系列(Classic Malts Selection)中低地的代表。但是,高品质的酒液却难挡资本的抉择,因为重建和运输的成本高昂,帝亚吉欧决定自1993年关闭玫瑰堤岸,河畔的花香从此消散。

三次蒸馏的轻盈与虫桶式(Worm Tub Condensers)*冷却的厚实,芬芳的花香融合新鲜的果香,这就是低地的魅力。今天的玫瑰堤岸可谓一瓶难求,简单的12年酒款,价格往往可与其他品牌20年以上的老酒并驾齐驱,牢牢把持着"低地之王"的名号。

2017年,麦卡莱把玫瑰堤岸收入怀内,并准备耗资千万美元对其进行重修,让花香再次在河畔飘荡。

*苏格兰的麦芽威士忌有两种主流冷凝器,分别是虫桶式和壳管式(Shell and Tube Condenser),它们会令生命之水形成不同的风格。

麦卡莱集团
Ian Macleod

正如麦卡伦之于爱丁顿，尊尼获加之于帝亚吉欧，山崎之于宾三得利（Beam Suntory），格兰菲迪之于格兰父子（William Grant & Sons）……每个知名品牌的背后，总有一个坚守威士忌信念的团队，正如檀都幕后的麦卡莱。

麦卡莱集团是世界十大苏格兰威士忌集团之一，身后是一个拥有纯正苏格兰血统的家族——罗素家族（Russell）。

罗素家族自1936年开始涉足威士忌行业，以威士忌贸易商的角色游走于蒸馏厂与各大调和威士忌集团之间。随着20世纪中期威士忌热潮的掀起，家族执掌了麦卡莱集团，并因过往跟蒸馏厂所结下的情谊，顺理成章地开展了威士忌陈年、装瓶、销售的业务。在单一麦芽威士忌兴起的21世纪，麦卡莱还相继购入格兰格尼、檀都和玫瑰堤岸威士忌蒸馏厂，让其成为年产过百万升的烈酒巨头。

一步一步的发展也让麦卡莱在历史上留下了光辉的足迹，身兼"世界最佳独立装瓶商"和"全球最佳威士忌生产商"两大最高荣誉。

罗素家族的祖孙三代

烟头麦芽威士忌

除了前文所提到的数个单一麦芽蒸馏厂外，麦卡莱集团还持有多个颇具影响力的产品系列，包括横跨伏特加、朗姆酒、金酒和威士忌多个品类的"罗伯特大帝（Robert King）"，以骷髅头为标记的艾雷岛泥煤型单一麦芽威士忌"苏摩克/烟头（Smoke Head）"，知名独立装瓶商系列威士忌"老酋长（Chieftains）"，被收录进《101瓶一生必喝的经典威士忌》一书中的混合麦芽威士忌"公羊（Sheep Dip）"……

近期，在市场上爆红的是麦卡莱的六岛（The Six Isles），一款真正为饮家所打造的岛屿型威士忌。

酒名"六岛"，揭示着这款酒的实质——调和了苏格兰六大岛屿区单一麦芽原液的威士忌。艾雷岛的消毒水和海风香气，斯凯岛的胡椒和辛辣气味，奥克尼岛的独特欧石楠泥煤气味，还有朱拉岛的鲜花，阿伦岛的鲜橘以及冒尔岛的木质调性……这就是六岛，一瓶《威士忌圣经》的作者吉姆·莫瑞（Jim Murray）所认同的"极致的岛屿型威士忌"。

饮家们更能从中获得别样的乐趣，就是去猜测它的六种原液究竟出自哪些酒厂。毕竟，被列出的六大产酒岛屿上就只有寥寥数个蒸馏厂啊！虽说，麦卡莱并没列出六岛麦芽威士忌的来源，但是聪明的资深饮家往往单凭岛屿名称便对它的出身心里有数，品饮起来更具趣味。

除了经典的六岛以外,以葡萄酒名家——法国柏图斯和意大利嘉雅酒桶收尾的稀有酒款(The Six Isles Petrus-Gaia Finish),以及朗姆桶和雪莉桶二次熟化的年度限量版威士忌都是让饮家心痒无比的特色美酒。

这就是麦卡莱,一个根正苗红的苏格兰威士忌巨头。它不祈求瞩目的商业成就,更多地专注在让代表苏格兰传统精粹的威士忌如罗素家族一样不断传承,用层出不穷的美酒征服消费者的味蕾。

六岛苏格兰麦芽威士忌

苏格兰

尊尼获加
Johnnie
Walker

尊尼获加，也叫"约翰走路"，是全球最大的调和威士忌品牌。

1820年，一个名为约翰·沃克（John Walker）的小子变卖了自家的农场，用一所兼卖地下威士忌的杂货铺开启了他的家族事业。随着时间的推移，因为对高质量原酒的要求，他筹建了属于自己的蒸馏厂；他利用开往"新世界"的轮船，把酒卖到了全世界；他的儿子把一幅绘在餐巾纸上的父亲的插画用作尊尼获加的标志；最终把这瓶印有绅士剪影的酒送到了英国皇室的餐桌上（尊尼获加被英国皇室授予威士忌的特供权）。

对于中国消费者来说，与尊尼获加这一名字相比，或许它旗下的酒款 "红牌（Red Label）"和"黑牌（Black Label）"更为人所熟知。此外，还有醇黑（Double Black）、绿、金、铂金、蓝牌（Blue Label）等型号的酒款。

蓝牌是尊尼获加的旗舰酒款，曾有公开资料指出，它采用最高达50年的原液调配而成。得益自母公司帝亚吉欧旗下的众多酒厂，蓝牌的风格复杂而均衡，而来自关停酒厂的绝版原液，更为它的稀有和高端奠定了基础。

尊尼获加红牌和蓝牌200周年纪念版调和威士忌

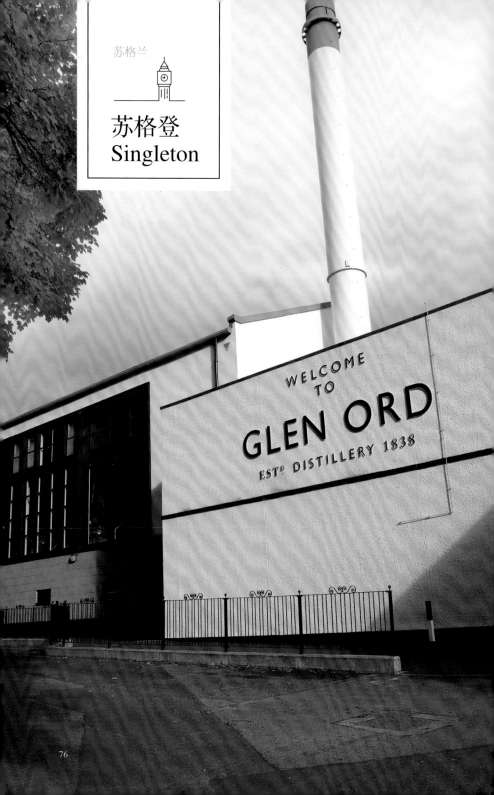

苏格兰

苏格登
Singleton

如果说尊尼获加是苏格兰调和威士忌类目的"头号选手",苏格登,则是在它们的"爸爸"(帝亚吉欧)心中单一麦芽威士忌的未来领跑者。

这个诞生于2006年的品牌,背后是三个加起来超过400岁的单一麦芽蒸馏厂:达夫镇(Dufftown)、格兰欧德(Glen Ord)和格兰都兰(Glendullan)。虽然它们分属不同的产区,各有不同的起源,但今天,它们都统一在苏格登的名下*。

心思细腻的女性首席调配大师、慢工出细活的发酵蒸馏、精研波本桶和雪莉桶的陈藏兑和,这些要素构成了苏格登清新、芬芳、柔和的风格。酒款标志所绘——跃然于水面的活鱼,可能也暗示了这酒与海鲜美食的搭配完美和谐。

这样的风格,对东方人敏锐的味蕾尤为友好。今天,苏格登已经成为我国台湾地区单一麦芽威士忌市场最畅销的三强之一。

*要特别留意,一旦这三个酒厂的原液进行了混酿,则不叫单一麦芽威士忌了。

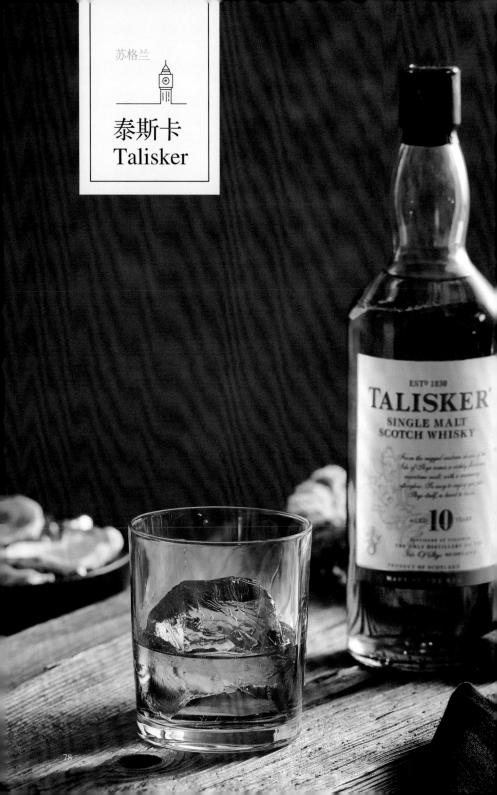

苏格兰

泰斯卡
Talisker

泰斯卡创建于1830年，是天空岛上最早修建且如今仅存的蒸馏厂，更是岛屿区蒸馏厂中规模最大的一员。19世纪末，泰斯卡曾是英国市场上最受欢迎的麦芽威士忌。

海岛环境能够带给岛屿区威士忌独特的风味，这也是泰斯卡的个性之源。它泥煤的熏、胡椒的辣和海水的咸都非常浓郁，让它如酒标上所写的"Made by the sea"，仿佛自海中而生。同时也让它得到"威士忌中的海王"的别称。

英国小说家罗伯特·路易斯·史蒂文森（Robert Louis Stevenson）在他所创作的诗集中，将泰斯卡形容为"酒中之王（The king o' drinks）"。

帝亚吉欧
限量系列
Diageo

帝亚吉欧,来自英国的上市公司,是全球最大的洋酒集团。公司名称由拉丁语的"Dia(天)"及希腊语"Geo(地)"组成,象征着每一天、每一地都有它的酒陪伴。

在威士忌的领域中,帝亚吉欧雄霸市场近半个世纪。单凭28家单一麦芽蒸馏厂,尊尼获加、苏格登、泰斯卡、乐加维林(Lagavulin)、慕赫(Mortlach)、布朗拉(Brora)、克里尼利基(Clynelish)、波特艾伦(Port Ellen)等广受推崇的单一麦芽品牌和苏格兰业界三分之一的产量,我们就可以联想到它的实力。

雄厚的库存实力让它为威士忌收藏家推出多个跨品牌的限量系列,包括:仅供高端私人客户专享的原桶臻选(星星标)(Casks of Distinction),限量数百套的传世臻选系列(Prima and Ultima),小批次数千套的轻奢级收藏珍藏限量系列(Special Releases)以及花鸟系列(Flora and Fauna)。

欧本12年单一麦芽威士忌2021珍藏限量系列（原桶强度装瓶）

苏格兰

芝华士和
皇家礼炮
Chivas Regal &
Royal Salute

芝华士，打着"国人最熟悉""全球销量三甲"和
"世界首个威士忌奢侈品牌"三大标签的苏格
兰调和威士忌。

故事起源于1801年阿伯丁城堡大街上的一个
杂货铺。一个在私酿年代艰难生存的威士忌贩
卖点在1838年赢来了发展的曙光——一位名
为詹姆斯·芝华士（James Chivas）的农场小
子接管了杂货铺的运营。短短数年过去，詹姆
斯把自己的姓氏放到了招牌上。在1842年，威
士忌合法化的翌年，他还把威士忌呈献给首次
造访苏格兰的英国女王维多利亚，为芝华士获
取了皇家认证，加上了"皇家（Regal）"的字
眼。从此，芝华士走进了上流社会。

传奇还在继续。

时至20世纪初，北美洲成为苏格兰威士忌的重要市场。1909年，芝华士酿造出了世界上第一瓶标称25年的调和威士忌。有别于其他简单易饮的威士忌，它大比例的麦芽配比、浓厚的风味口感和高年份所带来的醇厚复杂一下子俘获了纽约城中的潮流人士，使得芝华士的名字响遍大西洋两岸，也奠定了它全球化的基石。

半个世纪之后，芝华士再次吹响了迈向顶峰的号角。

源于1842年结下的情谊，芝华士对英国皇室的动向一直非常关注。来到1953年，为了庆祝英国女王伊丽莎白二世加冕，芝华士推出了真正的奢华级的威士忌——皇家礼炮。

以皇室庆典为伊始的皇家礼炮，每一瓶酒都代表了极致：首支皇家礼炮选用了至少21年的陈年原液进行打造，装载于手工制作的墨绿色陶瓷酒瓶中（后添加了多个颜色，并以皇家蓝为代表），瓶身雕刻了英国皇家徽章浮雕（后改为芝华士的雄狮造型）……

这就是真正代表奢华的威士忌，以21年作为起点的酒。正如皇家礼炮的座右铭"我的起点，很多人的终点（We Begin Where Others End）"。

皇家礼炮的名字源于英国皇家海军在皇室的重大日子所发射的21响礼炮。它旗下的旗舰酒款还有代表英国最高礼遇的62响——皇家礼炮62响礼赞（62 Gun Salute）。

苏格兰

格兰威特/
格兰利威
The Glenlivet

位于斯佩塞的格兰威特是美国销量最大的单一麦芽威士忌。

1823年，苏格兰颁布了消费税法令（Excise Act），试图让已经猖獗了一百多年的地下威士忌重受政府的监管。但是，过去税务官和酿酒者间"猫和老鼠"的关系却让酒厂心存疑虑。格兰威特的创建者，胆色过人的乔治·史密斯（George Smith）第一个决定接受政府的监管，最终让格兰威特成为苏格兰史上最早的合法威士忌蒸馏厂。至今，每瓶酒都会写着：由乔治·史密斯蒸馏，以表达对这位创始人的敬意。

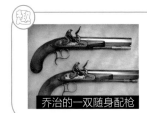

由于当时的酿酒产业带有"黑色"的成分，所以，威士忌同行把第一个不讲江湖规矩的乔治视为眼中钉，曾发话要教训他。乔治为求自保随身配枪的典故也成为格兰威特敢于创新的精神的一部分。

乔治的一双随身配枪

另一个创新，则是乔治敢于打破当时单一麦芽浓厚强壮的惯例，创造出清新的"新"斯佩塞风格。这也成为今天斯佩塞威士忌的风味标准。它的酒充满鲜花、柑橘和菠萝的甜香，口感轻盈柔顺。

Glenlivet原意是"利威河谷"。充沛纯净的水源和远离人烟、利于私酿酒的环境让这里成为远近驰名的酿酒宝地。就像"茅台镇"对于酱酒的意义一样，在消费者心中带上Glenlivet字样的才是好酒。就连麦卡伦，在20世纪70年代的时候都叫"利威河谷麦卡伦（Macallan-Glenlivet）"。当然，到今天，这些蹭名气的酒厂都逐渐拿掉了这个前缀，唯独格兰威特，由政府特许在地名前加上代表专有的"The"字眼，真正代表着这个著名的河谷。

格兰威特创始人甄选单一麦芽威士忌
The Glenlivet Founder's Reserve Single Malt Scotch Whisky

酒精度40%

波本桶与全新北美橡木桶熟化

花香、青苹果、鲜梨、橘子皮和香草的轻柔甜香。口感温润柔滑，有着热带果香和焦糖苹果的丝丝甜意。

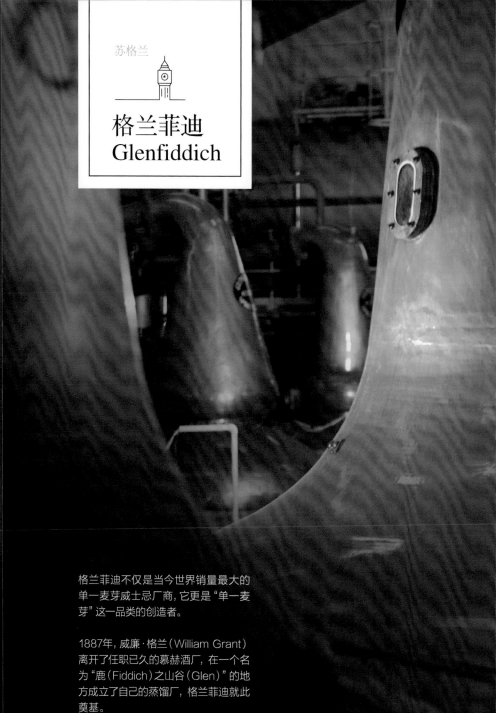

苏格兰

格兰菲迪
Glenfiddich

格兰菲迪不仅是当今世界销量最大的单一麦芽威士忌厂商，它更是"单一麦芽"这一品类的创造者。

1887年，威廉·格兰（William Grant）离开了任职已久的慕赫酒厂，在一个名为"鹿（Fiddich）之山谷（Glen）"的地方成立了自己的蒸馏厂，格兰菲迪就此奠基。

格兰菲迪的辉煌在1963年达到顶峰。有着敏锐市场触觉的它，感觉到作为原酒供应商只能"为他人做嫁衣裳"的局限性，先知先觉地把酒液自行装瓶上市，推出了首款现代意义上的单一麦芽威士忌。为了能被世人所"看见"，它还率先进军免税店渠道，利用机场作为吸引精英人士的重要窗口。这些创举都影响着后世，使单一麦芽威士忌传播到世界各地。

如果说伟大这个词代表了变革和影响力，格兰菲迪的伟大不止于此，还在于它所开创的如今最广为流传的斯佩塞现代风格。

有别于传统厚实强健的单一麦芽风格，格兰菲迪威士忌中始终如一的柑橘气息和轻盈柔和的口感，才是它引以为傲的独特滋味。在斯佩塞从高地中独立出来才十多年的今天，这种风格已然代表了斯佩塞。

可以说，今天我们所认知的威士忌世界，很大程度上正是源于它的这三大创举，这就是格兰菲迪的伟大。Slàinte Mhath（干杯）！

格兰菲迪12年单一麦芽威士忌
Glenfiddich 12 Years Old Single Malt Scotch Whisky

酒精度 40%

美国橡木桶与欧洲橡木桶熟化

独特而清新的果味，隐约散发一抹洋梨气息。口感有水果和奶油糖果的香甜风味，与麦芽跟橡木的味道构成精妙的平衡感。尾韵悠长。

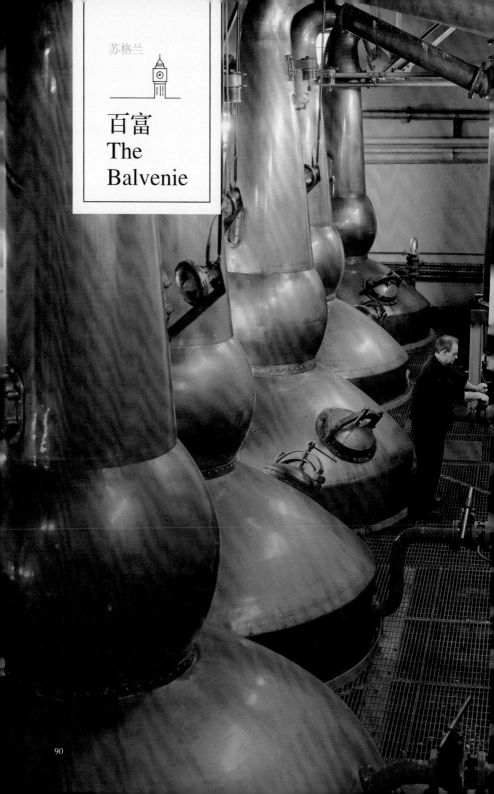

苏格兰

百富
The
Balvenie

90

与格兰菲迪一墙之隔的百富，是同属于格兰父子集团旗下的另一名品。

虽位于斯佩塞新派风格威士忌的起源地，但百富所保持的却是古典、丰厚的风格，实际上与高地反而略有相近。

坚持种植自己所需的大麦，并在厂内进行地板发麦的百富可谓是苏格兰千年"自给自足"传统的传承者。蒸馏的时候，蒸馏壶颈部的隆起驯服了酒液的粗糙，带出醇厚的果香和诱人的蜂蜜香气，还赋予了百富丰润的质地。为此，这个独特的隆起也被叫作"百富球（Balvenie Ball）"，还被放到酒瓶的瓶颈上，形成独特的瓶型设计。

与格兰菲迪相似，百富同样也有为人所称道的创举，就是过桶工艺。此工艺来自格兰父子集团的酿酒大师——大卫·斯图尔特（David C. Stewart MBE）。最终的双桶（Double Wood）系列威士忌（包括12年和17年）都是先久经美国波本桶陈年，后短历欧洲雪莉桶二次熟成的产品。自1993年面世之后，百富的双桶威士忌已成为业界的标杆，也是资深饮家晋级的必尝酒款。

百富12年双桶单一麦芽苏格兰威士忌
The Balvenie Double Wood 12 Year Old
Single Malt Scotch Whisky

酒精度 43%

美国橡木波本桶和猪头桶至少陈酿12年，移至西班牙橡木奥罗露索雪莉桶陈酿9个月。最后在巨大的橡木容器内存放三四个月，让威士忌更好地融合。

香甜的水果、奥罗露索雪莉桶、蜂蜜与香草的香味层层叠起。口感顺滑醇厚，坚果的甜味、肉桂香气和雪莉香甜恰到好处地相融。余味悠长、温暖。

苏格兰

格兰杰
Glenmorangie

隶属于酩悦轩尼诗-路易威登集团旗下, 稳坐苏格兰单一麦芽威士忌蒸馏厂销量三甲的高地品牌。如此佳绩的背后就是格兰杰芳香轻柔的基酒和独到、创新的陈酿技术。

蒸馏器的大小与基酒的风格有极大的关系。格兰杰5.14米高的苏格兰最高蒸馏器, 最终汇聚出的是冠绝苏格兰的轻盈与柔顺。格兰杰总爱以长颈鹿的形象示人, 便是意指这个最高的蒸馏器。

与这种质感轻柔、花香调充足的基酒最相宜的搭配自然是略带收敛的美国白橡木波本桶了。为了获取上等的橡木木材, 格兰杰甚至在美国的肯塔基州拥有自己的林场。格兰杰也曾凭借全新美国白橡木桶陈年的酒夺得《威士忌圣经》的"年度最佳威士忌"。

但是, 过于单一的风味容易被永远追求新鲜的消费者所忘记。因此, 在30多年前, 格兰杰就尝试把波本桶陈年的酒, 换置到葡萄酒桶中进行额外的熟成, 来获得更多的香味层次, 这也让格兰杰成为过桶工艺的鼻祖。

得益于母公司在葡萄酒产业上的全球布局, 格兰杰也不断有新颖的桶型在市场上涌现: 勃艮第红酒桶(Clos de Tart Grand Cru Red Wine)、麝香酒桶(Muscat)、苏玳桶(Sauterne)、马德拉桶(Madeira)……这些风格各异的威士忌一直拓宽着消费者舌尖上的想象空间。

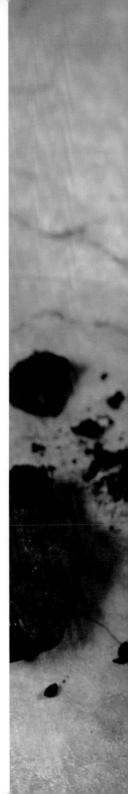

阿贝/雅柏
Ardbeg

阿贝,艾雷岛的重泥煤三巨头之一,以冠绝苏格兰的厚重的泥煤风味著称。

阿贝蒸馏厂成立于1815年。20世纪80年代,阿贝曾因经济萧条而停产,直到1997年格兰杰入主,它才得以涅槃重生。重启以来,阿贝一直都坚持自我,向着未知的未来探索。近年来,它更是把威士忌送上了太空,去探索威士忌的无限可能(也因此推出了太空纪念版的威士忌)。

虽有着与艾雷岛上其他蒸馏厂相近的泥煤烟火气,但阿贝通过蒸馏壶上所装的净化器进行提纯,让酒液显得更为甘甜、油润。浓郁的泥煤气息中具有极佳的平衡性和复杂度,这就是阿贝的风格,也被称为"泥煤悖论"。

今天的阿贝因为世人的喜爱而享有极佳的产销表现,过去的停产注定了它老年份酒液的稀缺,也让它同时成为最具有收藏价值的威士忌之一。一旦遇上高年份的阿贝,便该毫不犹豫地把它收归囊中。

阿贝5年小怪兽单一麦芽威士忌

布赫拉迪
Bruichladdich

布赫拉迪，一个曾经放弃了艾雷岛的味道，但从没丢失艾雷岛自强不息灵魂的酒厂。

1881年，在格拉斯哥拥有两家谷物蒸馏厂的哈维家族（The Harveys）决定在艾雷岛上修建一座麦芽蒸馏厂，用于重泥煤风味原液的制作。随着战争、石油危机、无色烈酒（指伏特加、龙舌兰等）崛起的来临，虽然，布赫拉迪已经为了迎合潮流而把自身改为不带泥煤、甜美、新鲜的风格；虽然，它已经多次易手，依附于怀特迈凯集团（拥有大摩）的旗下，但是，最终它依旧在1995年停产关门。

直到2000年，在艾雷岛当地的热心人士和波摩前酿酒团队的支持下，布赫拉迪重开。此时。布赫拉迪的灵魂导师，入选威士忌名人堂的吉姆·麦克尤恩（Jim McEwan），肩负起让布赫拉迪重现光芒的重任。他相信"风土"对威士忌的作用，只用苏格兰本土的大麦（部分产自艾雷岛），仅在岛上陈年熟化，不经冷过滤，于厂内自行装瓶。他极具实践精神，使用纯粹艾雷岛的大麦，复刻已经被淘汰的老品种大麦，试验苏格兰最高酒精度数（高达88%）的麦芽生命之水……让布赫拉迪成为今天引领潮流的酒界巨星。

带有花卉芬芳，更具蜂蜜甜香和新鲜感的原液再次一滴滴地从蒸馏器中流出，布赫拉迪也变成了艾雷岛上特立独行的清新风格威士忌的出产者。

而且，由于艾雷岛的热潮已经回归，布赫拉迪也重拾艾雷岛的泥煤味道，推出波夏（Port Charlotte）系列酒款。更以"泥煤怪兽（Octomore）"的名称，打造着全苏格兰最高泥煤值的单一麦芽威士忌。这些酒兼备甜润果香和泥煤烟熏的独特香气，复杂丰富的口感赢得无数赞誉。

布赫拉迪经典单一麦芽威士忌

苏格兰

波摩
Bowmore

BOWMORE

波摩是苏格兰少有的自建发麦车间的酒厂。以岛上泥煤烘干的麦芽，让它的威士忌拥有了艾雷岛的灵魂气息。此外，它还从高地大陆取来占总产量60%的生产所需麦芽，不经泥煤处理。泥煤与非泥煤风格两者融合，便得出波摩温文尔雅的泥煤风格。

波摩的另一个特点来自它的陈年。波摩是难得的把大部分藏酒都放置在岛上的蒸馏厂，而其最出名的一号陈酿车间（Valte No.1）甚至低于与它仅一墙之隔的海堤。每个艾雷岛上的居民都坚信，这种潮湿、阴冷，任由海风灌注其中的陈酿环境，才是艾雷岛威士忌得到了大海神韵的真正奥秘。

近些年，自从被宾三得利集团购入后，波摩的知名度节节上涨。一款以雪莉桶陈年的黑波摩威士忌（Black Bowmore）以20年间翻了150倍的高价，创造了当时让同行们都瞠目结舌的拍卖纪录。2021年底，一瓶51年珍稀佳酿（Bowmore Onyx 51 Year Old 1970），更以40万英镑的落槌价，成功跻身当年"全球拍卖最高价威士忌"前三的行列。

波摩15年单一麦芽威士忌
Bowmore 15 Year Old Single Malt Scotch Whisky

酒精度43 %

12年波本桶，3年奥罗露索雪莉桶陈年

热情奔放的热带水果、橙皮、黑巧克力、太妃糖香气，细闻还能找到海水、西药和轻微的消毒水泥煤气息，加上萦绕其中的香水香气。在口中，平衡、优秀，甜润和辛辣并存。

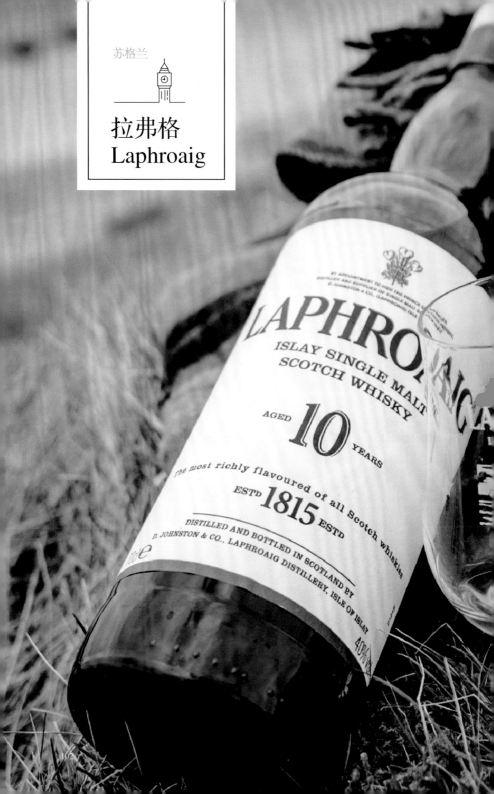

苏格兰

拉弗格
Laphroaig

拉弗格10年单一麦芽威士忌

在大街小巷中的威士忌酒吧里,你总会找到一瓶看起来不像能被喝的液体:墨绿色的酒瓶,简陋苍白的标签,上面以深灰色的油墨印刷着极简的英文字……一瓶形似医院药剂的酒——它就是拉弗格。

独特的包装来自拉弗格创始人的后裔伊恩·约翰斯顿(Ian Johnston)。20世纪初,美国颁布了禁酒法令,导致依赖美国市场的苏格兰威士忌陷入困境。当时,伊恩以这个具有迷惑性的外观谎称拉弗格是消毒药水,成功将其引入美国,拉弗格也因此迎来了巨大的成功。

只靠一个包装就可以骗过大街小巷的警察了吗?那未免也太儿戏了。当然不! 还因为拉弗格独有的,来自艾雷岛泥煤的碘酒、西药和漂白水气息,让人误以为这真是一瓶药剂。

通过以自有煤田的泥煤对麦芽进行熏烤,这才得到拉弗格"犹如在海边刚被碾轧平整,还冒着热气的柏油马路上行走"的香气。为此,拉弗格每天通过人工的方式采集1.5吨泥煤,还需要人日以继夜地守候在泥煤窑旁自行烘麦。这一切努力,使拉弗格成为重泥煤的艾雷岛威士忌代表。

拉弗格在美国的成功推广,让伊恩爱上了美国的旅居生活。在接触波本威士忌后,他还率先将波本酒桶引进到苏格兰,用于威士忌的陈年。而这种桶也让拉弗格在海洋的咸香风味之外又添上一分香草的厚实甜香,吸引了一众酒迷,更得到了当时的英国王子查尔斯的喜爱,并被授予皇家认证。

苏格兰

汤玛丁
Tomatin

曾经是苏格兰规模最大的单一麦芽蒸馏厂的汤玛丁，到今天，关停了过半的蒸馏器，走着一条荆棘丛生的品质之路，最终被珍稀威士忌101（Rare Whisky 101）评为收藏界的明日之星，这一切是如何发生的呢？

把时针拨回到1897年。因弗尼斯（Inverness）东南的杜松子林中，三名年轻人希望把当地的百年酿酒传统延续下去，汤玛丁因此成立。随着市场的繁荣，汤玛丁的规模快速扩张，最终在1974年成为苏格兰最大的单一麦芽酒厂。

20世纪80年代，汤玛丁被日本第一大烧酒生产商——宝酒造株式会社购入，这让它得到了东方哲学的加持，把探索自然的特质视为己任。水源上，汤玛丁取水自花岗岩缝隙中的泉眼，以"无烟之水（Alt na Frith）"的雅称被誉为高地最纯净的水源。汤玛丁也以约300米的海拔高度，成为苏格兰海拔最高的酒厂之一。高山的凛冽寒风影响着蒸馏过程中的冷凝，让生命之水显得甘醇甜美。由此，汤玛丁从自然中获得了自己的个性：既有辛辣醇厚的高地质感，也洋溢着柔美的花果香气。

汤玛丁传奇

汤玛丁桶

由于当年庞大的生产规模，汤玛丁还拥有自家的制桶工作室。所以，今天汤玛丁的桶匠能利用这些宝贵的历史资源，把橡木桶陈年过程的众多新想法变成现实。除了常见的波本桶和雪莉桶外，还有全新的美国桶、波特桶、苏玳桶等多样酒桶，更有西班牙丹魄葡萄酒桶、法国玛歌红葡萄酒桶和干邑桶，以及把不同酒桶拆散后重新拼装等独到用桶。多样化的桶藏，为消费者带来源源不绝的惊喜，也让今天的汤玛丁成为继百富和格兰杰之后的另一个"玩桶"大家。

时至今天，汤玛丁不但拿下了《威士忌杂志》的"2016年度全球最佳生产商（Distiller of the Year 2016）"荣誉，而且把自己的50年单一麦芽威士忌送进"全球价格最高的麦芽威士忌"榜单，其入门酒款汤玛丁传奇更以99分的高分评价横扫世界葡萄酒与烈酒竞赛（International Wine & Spirits Competition），风头一时无两。

这是一瓶看一眼就会让人心动不已的酒：扭曲旋转的瓶身充满灵动之美，设计灵感源自泥煤烟气的升腾姿态；段段横纹，把打在瓶身上的灯光折射出如霓虹般的光泽，正是受到蒸馏时滴滴生命之水所激荡起的波纹的启发；透明的瓶壁，让人一眼就感觉到纯净和透亮，正如它透明甜润的口感……这就是魅影之灵，一瓶荣获世界威士忌大奖赛最佳设计大奖的年轻佳酿。

2013年，融汇着当下威士忌的潮流和个性的魅影之灵从汤玛丁的酒厂中衍生出来，发出了自己的初鸣。略带泥煤的烟熏气息，只在冬日最冷的时候蒸馏，不经任何的冷滤和调色，更用各种让人难以想象的桶型进行酒液的陈藏：帝国黑啤酒桶、日本烧酒桶、麝香加强甜酒桶、全新美国白橡木桶……

不走寻常路的魅影之灵，永远在挑战想象力的边界。

苏格兰

格兰花格
Glenfarclas

格兰花格，斯佩塞内为数不多、可与麦卡伦一较长短的名家。而且，格兰花格也和麦卡伦一样，在酒瓶上只写着"高地（Highland）"这个产区，因为他们都认同，只有高地才能诠释出自己的个性。

从初创时期就由一个家族独立掌控，并且家族也只专注于一个蒸馏厂的例子极为少见，而格兰花格可能就是业界的唯一。

这种一心一意的结果就是格兰花格始终保持着高地威士忌的纯净血统。首先是传统的直火蒸馏（Direct Fire）工艺——以煤气作为热源加热，收获厚重的酒体；接下来是昂贵的雪莉桶陈年，带来丰腴的质感和复杂的香味；最后是阴冷潮湿的陈年车间，让酒液的挥发保持在每年0.5%的低速，每一滴原液可以从容不迫地发展自身的个性。

这就是格兰花格——强劲饱满、厚重悠长的个性之源。难怪，帝王威士忌（Dewar）的家族成员汤玛斯·杜瓦（Thomas Dewar）在1919年就评价："这是威士忌中的王者，属于王者的威士忌（The King of whiskies and the whisky of kings）"。

格兰花格有着多款名酒，它旗下的105威士忌（酒精度60%）是第一瓶在市场上流通的桶强威士忌，而格兰花格家族桶系列（The Family Casks）单桶年份威士忌，更是从1954至今从未断绝的唯一连续年份威士忌套装，属于收藏家们梦寐以求的终极藏品。

传统的格兰花格，骨子里可能充满了苏格兰人的桀骜不驯，所以得到瑞典著名重金属乐队燃烧（In Flames）的青睐，更推出以乐队命名的105酒款。

趣　自1865年起，格兰花格在格兰特家族（J & G Grant）的手上已经传承了六代人。更有趣的是，每一代执掌人的名字，不是约翰（John）就是乔治（George）。

苏格兰

云顶
Springbank

云顶是苏格兰历史最悠久的威士忌酒厂之一，也是现如今坎贝尔镇上仅存的三座酒厂之一。

1828年，云顶蒸馏厂成立，这也是坎贝尔镇第14个获得许可证的酒厂。20世纪20年代，战争的阴云、经济的下滑、美国禁酒令所带来的市场坍塌都对当时的威士忌第一重镇——坎贝尔镇带来巨大的冲击，许多蒸馏厂纷纷倒闭，只有云顶幸存。

也因为这样，云顶，可以说承载了威士忌的历史。它现在是苏格兰唯一在厂内完成发麦、蒸馏、陈年和装瓶等所有工序的酒厂。而且，泥煤熏麦、松木发酵槽、直火加热、2.5次蒸馏……都是云顶遵循古法的特殊酿造过程，也被酒评家查尔斯·麦克林（Charles Maclean）评为"苏格兰最具古风的蒸馏厂"。它的威士忌带有轻柔的泥煤烟熏、怡人的花果香、清新的海风气息，口感油润饱满，充满质感，正是苏格兰失落的古典风味。

此外，云顶还同时生产两款限量产品（各占总产量10%），分别是轻盈甜润、完全不带泥煤、以三次蒸馏所打造的哈索本（Hazeleburn）和狂放不羁、重泥煤的朗格罗（Longrow）。

坎贝尔镇正在复兴，云顶也落座在世界顶级名酒的席位上。旗下1919年蒸馏的50年陈威士忌就以接近20万美元的价格位居2021年度全球威士忌拍卖价格排名的第五名。

苏格兰

大摩
The Dalmore

帝摩、达尔摩、达摩、大摩……无论叫什么名字，只要看到闪闪发亮的十二角雄鹿头像标志，你就知道，这是一瓶足以称雄高地的好酒。

大摩成立于1839年。在1887年时，一个影响了大摩120年之久的家族——麦肯齐家族（Mackenzie）入主大摩，为大摩带来了家族的族徽：皇家十二角雄鹿头像。

"

历史可以追溯到1263年，麦肯齐的族长科林（Colin）从一头失控的雄鹿的尖角下拯救了苏格兰国王亚历山大三世（King Alexander III）。作为回报，国王授予了麦肯齐家族在他们的盾徽上使用雄鹿的权利。为纪念这段历史，大摩的旗舰酒名为1263亚历山大三世。

"

以威士忌的制作而言，大摩是全球独一无二的：平顶的壶式蒸馏器，腰间围绕冷却装置，八个蒸馏壶的大小全都不一样。这样蒸馏出来的酒异常复杂，既厚重辛辣，又清新芳香。对调配而言，更多样的风味带来更多的可能性，当然，对酿酒师的挑战也同样巨大。

幸好，大摩有着业界最知名的调配大师，被誉为"神之鼻"的理查德·帕特森（Richard Paterson）。理查德在26岁时就成为了苏格兰最年轻的首席酿酒师，在2013年入选《威士忌杂志》的名人堂。在远东地区的高知名度还让他被画进日本畅销10亿册的长春漫画《美味大挑战Oishimbo》中。以他名字命名的大摩帕特森系列威士忌（The Dalmore Paterson Collection）更以超过120万美元的售价成为价格最昂贵的威士忌套装之一。

除了套装外，一瓶62年的大摩威士忌（混自1868年、1878年、1926年、1939年的原液）在2005年曾创下全球拍卖史上最贵威士忌的纪录。可惜，这瓶酒在拍卖会当晚就被畅饮一空，再也无法继续它的破纪录之旅。

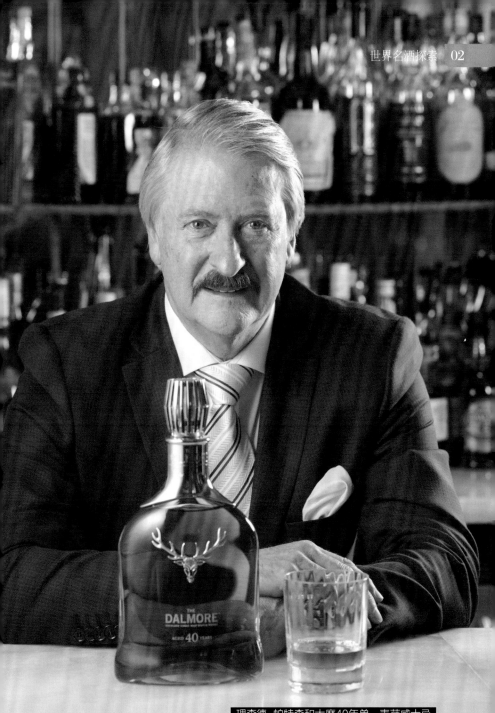

理查德·帕特森和大摩40年单一麦芽威士忌

罗曼湖
Loch
Lomond

如果说，要给苏格兰最有趣的蒸馏厂列一个榜单，罗曼湖绝对名列前茅。

它的有趣，来自独一无二的蒸馏设备。罗曼湖蒸馏厂成立于1966年，一个威士忌欣欣向荣的淘金年代。市场的快速增长，需要厂家保持充沛的产能和灵活的风格。创立之初，酒厂安装了一对独有的蒸馏器——直颈壶式蒸馏器，一个下半部是球形"壶式"，上半部是"柱式"的混血儿蒸馏器。通过直颈中的蒸汽隔板，罗曼湖能获得风格多样的原液，满足当时的市场需要，也让今天的它成为个性非常独特的单一麦芽威士忌。

它的有趣，来自所产酒款类别上的全能。1993年起，通过增加常用于蒸馏麦芽威士忌的传统壶式蒸馏器、蒸馏谷物威士忌的科菲式蒸馏器以及现代化的柱式蒸馏器，罗曼湖可以说浓缩了整个苏格兰的产业链，既可生产麦芽威士忌，又可生产谷物威士忌的它变成了可以制作"单一调和威士忌"的全能酒厂。

丁丁历险记中的罗曼湖威士忌

它的有趣，来自特立独行的企业个性。罗曼湖是极少数不是苏格兰威士忌协会（Scotch Whisky Association）*成员的蒸馏厂。原因众说纷纭，据猜测是因为罗曼湖的一款以科菲式蒸馏器制作的麦芽威士忌被剔除在"单一麦芽"的品项外，结果与协会相看两厌，而这瓶酒最终被列为"单一谷物"威士忌。

*可理解为苏格兰威士忌的官方行业组织，有协助政府立法、监管和推动行业发展、与政府部门对话等职能。

它的有趣，还来自跨时空的存在。罗曼湖可能是"二次元"世界中最著名的威士忌。它在流行了近一个世纪的漫画《丁丁历险记》中曾多次出镜，是阿道克船长瓶不离身的威士忌。原来，作者在1929年创作漫画的时候，书中"Loch Lomond（罗曼湖）"这瓶酒在现实中并不存在，因为不想诱导小朋友接触酒精，作者特意画了一个"假"的威士忌。难以预料的是，今天，罗曼湖真的在我们面前出现了。

脑海中还带着这份童年回忆的大朋友，当这样一瓶有趣的酒在你面前出现的时候，又怎能错过？

罗曼湖的蒸馏器

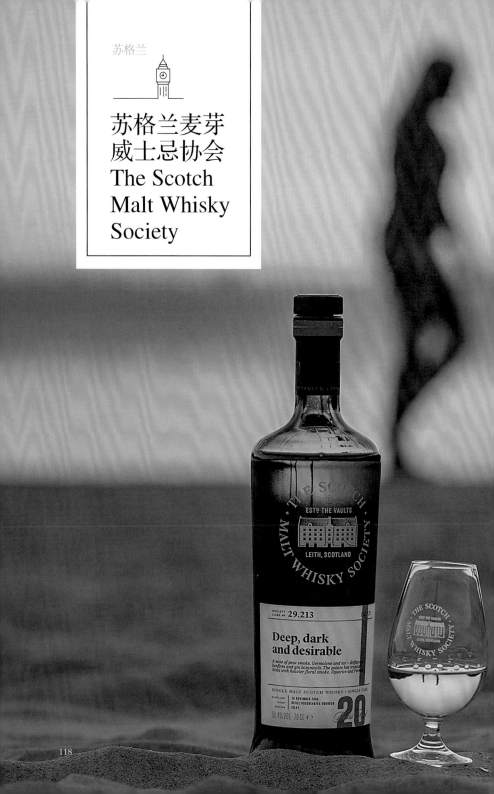

苏格兰

苏格兰麦芽
威士忌协会
The Scotch
Malt Whisky
Society

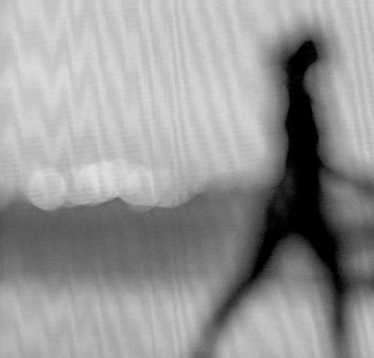

苏格兰麦芽威士忌协会（以下简称SMWS）成立于1983年。常被国人误以为是一个官方协会组织的它，实际上是一个会员制的威士忌爱好者社团和独立装瓶商。至今，它已在全球设有14个分会，拥有30000多名会员，是最具有实力的烈酒独立装瓶商*之一。

独立装瓶商的实力在于它所拥有的原液的来源。不愿意对外出售桶藏的酒厂，像格兰花格、格兰菲迪、百富和山崎，还有已经关停的绝版酒厂，如玫瑰堤岸、波特艾伦、轻井泽……就凭这点，SMWS的资源无疑是业界最优的。

除了丰富的桶藏外，SMWS更为人所知晓的就是它并不会把原厂的名字直接写到酒瓶上，取而代之的是一套密码体系和一段品饮体验的描述，让消费者更专注地去体会酒的美好，避免通过酒厂知名度先入为主地评价酒的好坏。

另一个独特的地方是SMWS只推出单桶酒款。所有的酒都由著名酒评家查尔斯·麦克林（Charles MacLean）所领衔的品酒团队挑选，以单桶桶强的方式推出，每一桶都独一无二，每一瓶都稀有珍贵。它的做法也推动着市场对单桶桶强这种威士忌的认可。

2020年，SMWS的幕后公司在伦敦证券交易所上市。

*独立装瓶商
Independent Bottler（IB）

独立装瓶商是指自身并不蒸馏产酒，而是依赖收购桶装原液，装瓶上市的酒商。

独立装瓶商是私酿威士忌时期所遗留的酿酒势力。当时威士忌流通的高风险催生了大量在城市中只从事买卖的杂货铺（尊尼获加和芝华士当时就是杂货铺）。这些杂货铺发展至今，就是独立装瓶商。

有别于追求规模的官方装瓶商（Official Bottler，简称OB）产品由酒厂自行装瓶，独立装瓶商通过对每桶珍藏的精挑细选，以量少质优和多样的风格来赢取消费者的眷顾。今天，代表着优质威士忌的"单一麦芽""高年份"和"单桶"，最早全部来自独立装瓶商。

20世纪80年代前，官方装瓶商的产品并非市场主流，蒸馏厂的原液都销往独立装瓶商或者大集团用于制造调和威士忌（其实，苏格兰在今天也有一半数量的蒸馏厂并没有自己的OB产品）。历史悠久的IB名家，手上就攥着大量连原厂都渴望回收的高年份名酒。这些孤品酒往往也是收藏家和投资者求之若渴的珍宝，价格却比OB产品低上一截。

另外，当独立装瓶商还涉足更上游的建厂蒸馏时，旗下的产品可能同时具有两条线：自产自销的OB产品和沿用别家原液的IB产品。

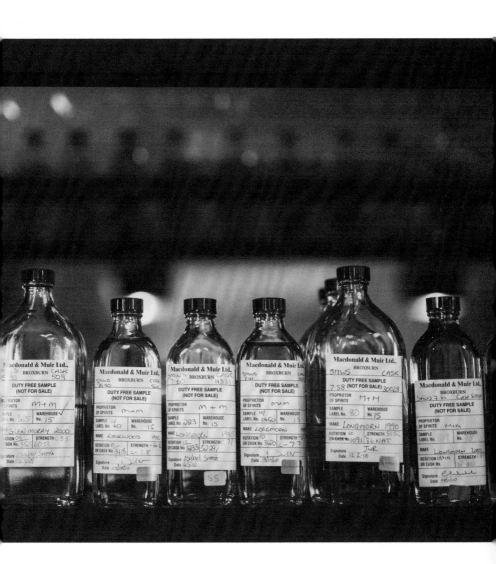

苏格兰

八度乐阶
系列
The Octave

对于独立装瓶商而言,什么最重要? 答案毋庸置疑,就是原液、原液、原液! 八度乐阶系列的单桶威士忌,就来自"苏格兰最大的稀有、高年份藏酒拥有者"*——邓肯泰勒(Duncan Taylor)。

*引用自《威士忌杂志》的独立装瓶商挑战赛(Independent Bottlers Challenge)。

邓肯泰勒建于1938年,以威士忌原液投资和橡木桶贸易商的双重身份立足于威士忌的行业。原用于投资运作的名贵酒厂原液,确保了八度乐阶出身的高贵——大热的高原骑士、大摩和波摩,不为人知的欧摩(Autmore)和托摩尔(Tormore)……

对橡木桶的深刻理解,也为八度乐阶带来独具个性的过桶熟成——八分之一大小的小型奥罗露索雪莉桶(名为Octave Cask,也是酒款系列名称的来源)的过桶熟化。独特的大小,可以让酒得到雪莉桶华美风味的充分渗透,又不至于丢失了酒厂的原有性格。这种精湛的工艺,对酒液中香气平衡的把握,让它多次获得世界威士忌大奖赛的类目最佳大奖荣誉。

黑公牛
Black Bull

不同于单一麦芽更喜爱标榜自我,调和威士忌往往会因市场而变。这一点在黑公牛这款风靡美国市场150多年的调和威士忌上表现得淋漓尽致。

大部分国人对"西方"一词可能只是笼统了解,但其实欧洲和美国人对自身有着清晰的认知:前者痴迷于优雅内敛,后者更爱宽厚奔放。这一点,无论是住宅、汽车,还是饮食生活都有相关的体现,更不用说威士忌的酿造和风味。

为适应美国人口味上对甜美厚实的喜好,起源于苏格兰的黑公牛在1864年诞生之初,就有着不一样的个性:50%以上的麦芽原液比例,以50%酒精强度装瓶*,力量感十足,独具美式浓厚特质。

黑公牛打破了一般人以为调和威士忌就是低端产品的认知。2009年,黑公牛推出的30年威士忌由知名大师吉姆·麦克尤恩(Jim McEwan)所调配,被著名酒评家迈克尔·杰克逊称为"可以不计代价地享用的高端调和威士忌"。40年的黑公牛更以1969年的麦卡伦、1967年的高原骑士、1966年的格兰花格等名贵威士忌为基酒,凭借其复杂和醇和赢得世界威士忌大奖赛"最佳调和威士忌(World's Best Blend Whisky)"的唯一称号。

口感醇厚、张力十足,这只来自苏格兰的"黑公牛",以"最美国"的方式在大洋彼岸大获成功。

趣 *黑公牛是苏格兰首个以50%酒精强度装瓶的调和威士忌。

日本 Japan

日本是威士忌世界中的后起之秀。虽说发展的历史尚不足百年，但取得的成就确实令人震惊。

20世纪20年代，如今名满天下的山崎（Yamazaki）蒸馏厂草创，拉开了日本威士忌的帷幕。20世纪50年代后，日本威士忌迎来了高速发展期（当时市场上流通的日本威士忌对粮食蒸馏原液和陈年的低要求，放在今天根本不能定义成威士忌，此情况到80年代末才有所改善），但在90年代经济危机和啤酒、烧酒的轮番冲击下，大量蒸馏厂减产倒闭。

转机在2001年悄然到来。日本的威士忌品牌余市（Yoichi）和响（Hibiki）在国际大赛上相继获得好评，自此，日本威士忌在国际舞台频频亮相，满载盛誉。

而今，三得利集团旗下的响、山崎、白州（Hakushu）等名品，加上余市、富士山麓（Fuji Sanroku）等稀少精品，以及轻井泽（Karuizawa）和羽生（Hanyu）这些绝产佳酿，构成了日本威士忌的高精尖形象。日本威士忌可说是占领了亚洲威士忌的半壁江山。

日本有着与知名度并不对等的落后的威士忌法规。1989年前，一瓶法规中最高级别的"特级威士忌"里面只需要含有27%的威士忌原液即可。今天，即使原液可能直接来自苏格兰、加拿大，全然不带日本血统，但只要在日本灌瓶，标签就可以贴上日本的字样，这种乱象也引起了行业对自身发展的不安，所以，2021年日本烈酒制造商联合会推出了最新的行业规范，对"日本威士忌"做了清晰的定义。虽然是非强制性的法规，但已经在行业的发展上迈出了可喜的一步。

在《威士忌圣经》中赢得"年度日本最佳单一麦芽威士忌"奖项的松井水楢桶风味日本威士忌

对基酒来源的低关注度反而让日本的调配大师锻炼出了精湛的调配技艺。曾获得《威士忌圣经》2020年日本最佳单一麦芽威士忌称号的松井水楢桶单一麦芽威士忌，原液就是来自一家连是否修建有蒸馏厂都存疑的酒厂。三得利的碧Ao世界调和威士忌，秩父的叶子系列世界调和威士忌都是同类型的佼佼者。

日本

山崎
Yamazaki

始建于1923年的山崎，毫无疑问是日本最早的威士忌蒸馏厂。背后的集团正是当今世界第三大烈酒生产商，有着老牌波本大厂金宾、艾雷岛波摩和拉弗格的宾三得利集团。

山崎的拔地而起源自两个人物——三得利（前寿屋）的创始人鸟井信治郎和第一个把威士忌制作技术带回日本的蒸馏师竹鹤政孝。可惜的是，第一款面世的威士忌"三得利白札"上市后反响平平，最终导致了竹鹤政孝远走他方。鸟井信治郎却并没有放弃，市场触觉敏锐的他让威士忌在日本流行了起来，在1984年，更让山崎12年成为日本第一款大规模上市的单一麦芽威士忌。

一个单一的威士忌蒸馏厂，如何让酒液的香气口感丰富起来？

对于这个每一蒸馏厂都面临的问题，山崎交上了完美的答卷：采用泥煤和不带泥煤的麦芽；选取多样的不同酿酒酵母，分别在木制和钢制发酵桶中发酵；8组16个大小形态各异的蒸馏器；最后是欧洲橡木雪莉桶、水楢桶、波本桶、猪头桶、美洲邦穹处女桶的五大桶型*陈酿。经过调配大师对威士忌在日本文化下的独特理解，调配出带有透明度又具复杂性，更富有老牌苏格兰泥煤气息的山崎。

近年来，山崎的知名度和价格不断上涨。一方面，自2003年起，山崎的18年和25年威士忌在世界各大评选中屡屡夺冠。另一方面，它不断推出各式特殊桶藏的酒款挑动消费者的神经，最终带来的就是价格的节节上升和拍卖纪录的屡次突破。今天，最贵的单瓶日本威士忌纪录是由山崎55年在2020年所创下的80万美元。

*除了常规桶材之外，山崎还有红葡萄酒桶和专为调配"响"所使用的梅子酒桶。

日本

白州
Hakushu

如果说山崎是北京古老的四合院大宅，白州则更像是乌镇园林内的未来艺术馆，融合了传统和新颖。

白州蒸馏所是三得利在1973年为纪念威士忌事业发展的第50个年头而创。这个因市场的繁荣而修建的蒸馏厂，一经落成产量就达到当时的世界第一。不过，它的单一麦芽威士忌直到1994年才正式面世。

被称为"森林蒸馏所"的白州位于山梨县甲斐驹之岳的高山森林中。三得利为了保护水源和环境，购买了周边的大片森林，不做开发，让白州的威士忌呼吸到青山绿树的气息。这可能就是白州蕴含的青苔、森林、薄荷的香气来源。

与山崎相类似，白州也有着从无泥煤到重泥煤，来自多种不同形态蒸馏器的多风格单一麦芽酒款。略有不同的是，白州可以说是第一个全能的蒸馏厂——巨大的谷物仓库，谷物威士忌的蒸馏器，橡木桶的制作车间，层层堆叠的高大藏酒库……这个自给自足的蒸馏厂是三得利对自然的传承，也是它的创新中心。

近年，白州接连获得威士忌世界大奖赛的赞许，更在2018年夺得"全球最佳单一麦芽威士忌"大奖，风头可谓一时无两。

日本

响
Hibiki

HIBIKI
SUNTORY WHISKY

JAPANESE HARMONY
A meticulous blend of select finest whiskies

调和威士忌，首重调配。而响，就是日本工匠细腻的心思、敏感的五官与独特的调酒哲学的大成。

此酒由三得利的第二代首席调配大师稻富孝一所创造。作为交响乐爱好者的稻富孝一就是在一曲勃拉姆斯的交响曲之后得到启发，从而把响创造出来的。而"响"，在日语里原意是回声、和谐，难说不是因这一曲如流水般的乐章而得名。

响的风格也深得"和谐"二字的精粹：均衡通透、层次分明，正如三得利的第四代首席调配大师福與伸二的形容："这是一个纯净而美丽的味道，很难用言语解释"。

响的外观同样蕴含着东方美学：独特的24棱瓶身，象征着一年的24个节气；酒标的材质是已经有1500多年历史的日本国宝——越前和纸（一般带有珍珠的润泽，在高端的酒款中还会掺杂金箔，呈现出更华贵的感觉）；酒标上的"響"字样由日本著名书法家荻野丹雪所题，笔触温暖，笔力强劲。

21年和30年的响曾多次获得威士忌世界大奖赛的"全球最佳调和威士忌"称号。

日本

余市
Yoichi

在日本威士忌的历史上，有一个人和一座酒厂是无法被忽略的，那就是竹鹤政孝和他的余市蒸馏厂。

1918年，竹鹤政孝前往苏格兰学习威士忌酿造技术，经历了在格拉斯哥大学的钻研，在朗摩（Longmorn）和哈索本蒸馏厂的实习，竹鹤政孝带着一本名为"竹鹤笔记"的实习记录回到了日本。此时，踌躇满志的竹鹤政孝遇上同样雄心勃勃的三得利集团创始人鸟井信治郎，两人联手建起了山崎。

可惜，竹鹤政孝和鸟井信治郎的"蜜月期"很快就终止了。随着三得利白札威士忌在市场上的折戟，竹鹤政孝远走北海道，成立了另一个蒸馏厂余市。由于首批威士忌需要时间陈年而无法上市销售*，酒厂转而用当地盛产的苹果制作苹果汁来支撑运营。因此公司定名为"大日本果汁株式会社"，也就是著名的"日果（Nikka，又名一甲）"，与三得利争雄了半个世纪的伟大威士忌公司。

> 趣 因为这本"竹鹤笔记"，后来，当时的英国副首相以幽默的方式把竹鹤政孝赞赏为"用一支钢笔偷走了我国威士忌秘方的青年"。而竹鹤政孝的传奇生平则被日本NHK电视台改编为连续剧《阿政》，搬上荧幕。

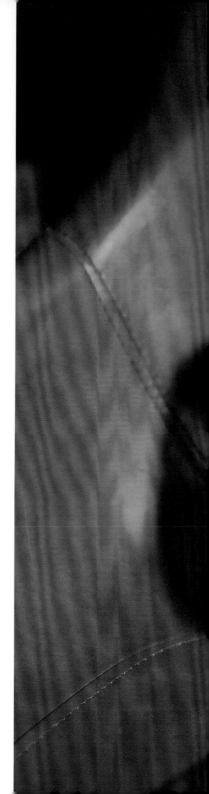

NIKKA WHISKY

SINGLE MALT
YOICHI

余市

余市蒸溜所シングルモルト
北海道 余市蒸溜所でつくられたモルト原酒
PRODUCED BY THE NIKKA WHISKY
DISTILLING CO.,LTD.,JAPAN

alc.45% Whisky

ウイスキー

可谓是古典苏格兰威士忌在日本的重现：苏格兰进口的泥煤大麦（也有少数不经泥煤处理的）至今依旧沿用的煤炭直火加热，北海道冷凉气候下的海风陈年……塑造出余市的风格——丰厚浓郁，充满泥煤烟熏和海水气息。

竹鹤政孝的坚守让余市得到回报，这里出品的威士忌在2001年被《威士忌杂志》评为最高大奖"优中之优（Best of The Best）"，为日本威士忌正名。后来更两次获得威士忌世界大奖赛的"世界最佳单一麦芽威士忌"殊荣。这就是让日本万众瞩目的余市！

*其实，以当时的法规，对威士忌根本无任何的陈年要求。此时坚持陈年，与其说是无法上市，不如说是竹鹤对自己有着极高的要求。

日本

宫城峡
Miyagikyo

同由竹鹤政孝亲手所建的蒸馏厂还有位于仙台的宫城峡蒸馏所（原仙台蒸馏所，后于2001年改名）。

随着一甲（Nikka）旗下调和威士忌的成功，竹鹤希望有另一种风格的麦芽原液给到他进行调配，提升酒液的品质。于是，竹鹤启动了修建另一家蒸馏厂的计划。

三年，这是竹鹤为他的第二家酒厂在选址上付出的时间。念念不忘，必有回响，在一次考察的过程中，当他准备好再一次失望而归的时候，森林边的潺潺水声吸引了他的注意。他下了车，拿出随身的威士忌，就地取水制成了一杯水割。这杯酒，让他找到了梦寐以求的味道。同行的工作人员补充了一句，这条河叫新川（Nikkawa）。对，与Nikka公司的名字很接近的一条河。就这样，依傍着这条河，宫城峡便坐落于此。

独特的环境，加上竹鹤政孝追求的是截然不同的另一种风情，宫城峡威士忌与余市的风格相反：风格轻柔，果香饱满，泥煤烟熏气息并不明显，略有几分低地的神韵。如果有幸去到酒厂，能尝到它一套三款的蒸馏所限定单一麦芽威士忌：谷物和柔和（Malty & Soft），果香和丰满（Fruity & Rich），雪莉和甜润（Sherry & Sweet），更能一次性感受到宫城峡的多样魅力。

宫城峡的另一个独特的地方在于其厂内的科菲蒸馏器。这个在半个世纪前，不惜成本从苏格兰运回来的古老蒸馏器赋予了今天现代化蒸馏器所不能模仿的独特个性。特别是纯粹以麦芽经科菲蒸馏器所制作的一甲科菲麦芽威士忌（Nikka Coffey Malt Whisky），口感轻柔、香甜，华丽诱人。

一甲集团还有为致敬竹鹤政孝所推出的竹鹤混合麦芽威士忌系列（Taketsuru Pure Malt），由余市和宫城峡的原液调和而成，柔和、复杂、平衡，被《威士忌圣经》评为年度最佳日本威士忌。

一甲集团旗下的威士忌

日本

秩父和羽生
Chichibu &
Hanyu

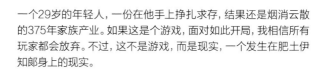

一个29岁的年轻人，一份在他手上挣扎求存，结果还是烟消云散的375年家族产业。如果这是个游戏，面对如此开局，我相信所有玩家都会放弃。不过，这不是游戏，而是现实，一个发生在肥土伊知郎身上的现实。

虽然，公司被清算出售，但是，伊知郎对威士忌的热爱没有减弱，父辈蒸馏下来的400桶原酒也没有被放弃。他筹集资金，2008年在自己的出生地——埼玉县的秩父市成立了威士忌蒸馏厂。4年后，秩父蒸馏厂推出的第一款威士忌Chichibu The First 就在美国的《威士忌倡导者》（Whisky Advocate）杂志中被评为年度最佳日本威士忌，伊知郎终于扬眉吐气。

秩父蒸馏厂被誉为日本的"独立威士忌之王"。这个拥挤的酒厂内装备了一组来自苏格兰的2000升壶式蒸馏器*，一块用于地板发麦的场地，一个烘干麦芽的窑和一个完整的橡木桶制作工坊。可以说完美复刻了古老的苏格兰威士忌酒厂，或者说是威士忌的手工作坊。

*这也是苏格兰法律规定的最小蒸馏器的标准。

酿造的时候，部分大麦使用日本的彩之星品种。陈年时，除了常规的波本桶、雪莉桶、葡萄酒桶之外，还有伊知郎亲往北海道竞拍回来的水楢桶，经自己制桶车间加工的小型Chibidaru桶（这是秩父蒸馏厂自制，并自己命名的桶）以及把水楢、白橡木和红橡木拼装而成的自制桶。这些与众不同的想法，带来的就是秩父既清新、芳香又厚重、油润的独特个性。

今天的秩父蒸馏厂，每年的产品都只以数千到一万的小批量标准投放上市。对产量的严控和对品质的不妥协为它带来了如日中天的知名度——获得世界最佳单桶单一麦芽、世界最佳调和威士忌（限量）、日本最佳单一麦芽和日本最佳威士忌等重量级大奖。

肥土伊知郎名下还有一个著名的威士忌系列, 羽生。

羽生就是伊知郎自祖父手上继承的蒸馏厂。随着2000年停工, 羽生所剩余的400个原桶就是伊知郎东山再起的唯一资本。因此, 羽生寄托了伊知郎延续家族事业的愿望, 也是支撑起秩父蒸馏厂早期运营的资本。2005年, 伊知郎将羽生灌瓶上市。

不过, 这时摆在伊知郎面前有一个难题, 就是一个默默无闻的品牌怎样才能吸引消费者的注意呢? 曾在三得利营销部门从业的伊知郎深知目标消费者的喜好, 因此, 他用扑克牌的四种花色来包装首批上市的四款酒, 拉上好友阿部健按照扑克牌的样式设计酒标, 把最早的600多瓶威士忌摆上了酒吧的陈列架。

这时的日本威士忌市场正处于不温不火的状态, 结果, 伊知郎花了一年多的时间才把这四款酒售卖完毕。后来, 随着扑克牌系列威士忌的继续发行, 直到2014年, 全套54个花色终于发行完毕。从2005年到2014年, 正如大家所知, 威士忌的市场发生了大逆转。这套以单桶形式发行, 已经停产的绝版威士忌成为收藏家们趋之若鹜的珍品。

2020年11月, 香港邦瀚斯的拍卖会上, 羽生的全套54款扑克牌威士忌以1010万元人民币成交, 创下了世界最高价格的威士忌套装纪录。

日本

轻井泽
Karuizawa

1955年，轻井泽蒸馏所在浅间山边的一个葡萄园中成立。21年之后，轻井泽上市了日本第一款单一麦芽威士忌，还在隔年得到了来旅游的日本天皇的青睐，成为天皇的御用威士忌。这是一个非常漂亮的开场。

趣　山崎蒸馏所在1984年推出的威士忌也自称为日本最早的单一麦芽威士忌。

黄金诺言大麦，低矮的壶式铜质蒸馏器，西班牙进口红橡木，以雪莉风格的葡萄酒润桶的橡木桶*……轻井泽在建立之初就是一家在质量上下足功夫的威士忌蒸馏厂。因为酒厂的产量有限，轻井泽为了追求更好的均一性，会把陈年到10年左右的酒以百个橡木桶为一组进行混合，再回灌到桶里继续熟化。威士忌的风格浓重集中，满满的是麦卡伦般的经典苏格兰调性。可惜，再用心的作品如果无人欣赏也只会被历史尘封。最终，2000年12月31日，轻井泽蒸馏所熄灭了蒸馏的炉火。

故事的结局很多人都已知晓：2006年，轻井泽被麒麟集团收购，原液用于调配富士御殿场威士忌；2011年，它被彻底放弃，剩余的364个原桶被英国的一番威士忌公司（Number One Drinks Company）购下；2016年，原厂在推土机的轰鸣声中被彻底推平，所剩的，就是那些桶内的原液在市场上偶尔昙花一现。

关门后的轻井泽反而迸发出了生机。2001年获得国际葡萄酒及烈酒大赛（IWSC）金奖；2007年和2008年连获麦芽狂人比赛的金牌。

现在，轻井泽主要以单桶的形式装瓶上市。每瓶酒都别出心裁地融入了日本的传统艺术，不但有"艺伎""能剧""相扑""侍"为主题的系列产品，还加上了浮世绘、书法等元素。

超卓的品质，绝版的稀有存量，结合日本风情，轻井泽成为拍卖行中的神级作品。2013年东京国际酒展上，它以200万日元，超过上一年山崎50年一倍的拍卖价成为日本最昂贵威士忌；2020年于苏富比拍卖行，又以363,000英镑再次刷新了日本最昂贵威士忌的纪录。

这就是轻井泽，日本威士忌中的"梵高"。

 *1995年又试验了葡萄酒桶的熟成（首批仅20个桶）。

轻井泽艺伎单一麦芽威士忌1983

美国 America

17世纪时，到达北美洲的英国殖民者为了一解乡愁，将威士忌的蒸馏技术和设备也一并带到了美国，从此开启了美国威士忌的历史篇章。

来到了大洋彼岸的新世界，威士忌在这里自然大有不同。

与以大麦为主的苏格兰威士忌不同，美国更多地采用了本土农作物进行酿造，于是就有了以玉米、黑麦、小麦为主的威士忌。而且，不同于苏格兰的调和威士忌讲究装瓶前混合调配，去控制各种谷物的比例，美国的酒厂会在发酵前就按照原料配方（Mash Bill）进行混合。配方中使用了哪些谷物、各自的比例如何都决定了酒的风格：玉米更多，则质感更甜美；黑麦多添，会更辛辣；小麦多放，酒液就更柔和精细。当玉米的比例超过50%的时候，就是波本威士忌（Bourbon）。如果黑麦和小麦分别大于80%，则可称为黑麦或小麦威士忌。

另外，不同于苏格兰的单一麦芽威士忌对壶式蒸馏器的推崇，经典的美国威士忌对柱式和壶式蒸馏器都给予了同等的尊重。先经柱式蒸馏器深度蒸馏，再以壶式蒸馏器去调整质感和香味，就是美国威士忌酿造的经典程式。

实际上，美国威士忌并没有对蒸馏的方法作出太多的限制，比如有些酒厂会用双重壶式蒸馏器进行蒸馏。

最后，与苏格兰威士忌有着极大自由度的陈年工序不同，在美国，所有的威士忌都只可用内表面被深度炭化的全新美洲橡木桶进行陈年。这一举措让美国的酒都有着浓郁得化不开的香草、椰子和奶油等香气，非常具有标志性。另一方面，也惠及了它的竞争对手——使用完毕的橡木桶可以被苏格兰酒厂便宜买下，用于苏格兰威士忌的陈年。

以杰克丹尼威士忌为基酒的预调鸡尾酒

正在进行蜡封的美格波本威士忌

此外, 有些朋友可能会从美国威士忌的酒标上阅读到一个神秘的词"保税威士忌 (Bottled in Bond)"。这个称呼曾是美国威士忌中"好酒"的代名词, 因1879年的保税储存法案而诞生。当时, 美国国会为了保护消费者而制定出一系列严格的威士忌制作标准, 包括: 以50%的酒精度装瓶; 核心谷物的比例在50%以上; 在受联邦政府监管的保税仓库中经过四年以上陈年; 不可添加焦糖色调色。到今天, 它的部分要求细节已经被波本威士忌的法规所涵盖, 但是这份为保护消费者利益所订立的法规, 从理念上就比大多数国家以保护行业的角度来立法要来得更有风度。

美国与世界各地的威士忌还有一个大不同——在美国境内销售的威士忌都以750毫升容量为标准。其实, 1970年时, 欧盟就参照葡萄酒的规范对威士忌定下了750毫升的标准容量, 1979年美国也跟进订立了同样的规范。1993年, 欧盟悄悄地把容量缩小到了700毫升, 但是美国却依旧制而行。今天, 很多威士忌厂商都同时推出了700毫升和750毫升的两个版本, 分别针对全球其他市场和美国市场。

波本威士忌中的金宾 (Jim Beam)、美格 (Marker's Make)、威凤凰 (Wild Turkey)、四朵玫瑰 (Four Rose) 和水牛足迹 (Buffalo Trace), 加上田纳西威士忌 (可看作是波本的分支) 中的杰克丹尼 (Jack Daniel's) 都是美国的著名酒厂。

电影《王牌特工》第二集就虚构了一个名为政治家 (Statesman) 的美国威士忌蒸馏厂。

金宾波本威士忌

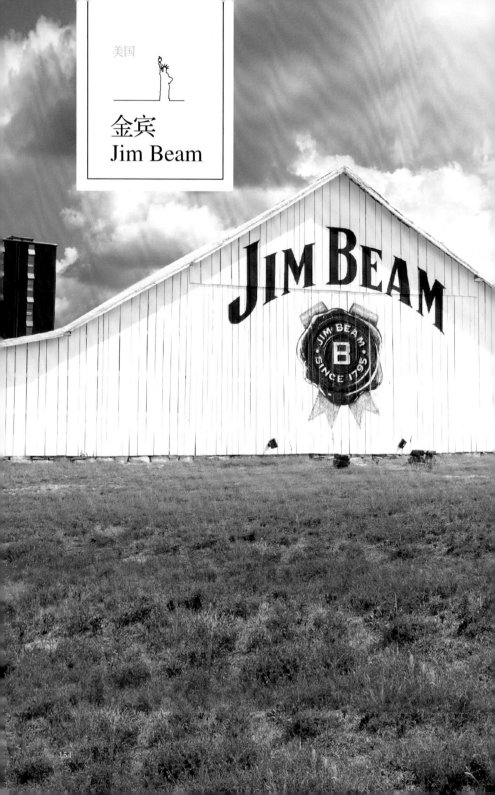

美国

金宾
Jim Beam

如果说，美国第36任总统林登·约翰逊（Lyndon B. Johnson）那句一语双关的"Bourbon, America's Native Spirit（波本是美国的精神/国酒）" 让波本成为美国的象征，作为波本威士忌销量冠军的金宾，毫无疑问就是美国的"第一国饮"了。

宾（Beam）家族早在18世纪的殖民时代就从德国移居到了美国，并在1795以老杰克宾（Old Jake Beam Sour Mash）的名义发行了第一桶威士忌，后来也成为全美第一大威士忌。

1920年，突如其来的禁酒令让威士忌产业彻底崩溃。13年后，禁酒令终止，百废待兴的威士忌产业需要一个人站出来。当时的宾家族掌门人，已经70岁的詹姆斯·宾（James Beam，简称Jim）决心复兴家族的事业。仅仅120天，新的酒厂拔地而起，宾家族的传奇得以延续，而酒厂也冠上了詹姆斯的名字——金宾（Jim Beam）。

这种家族的传承在旁人看来可能是意气之争。不过，对于酒厂来说却性命攸关，因为波本威士忌的酿酒秘密在于世代传承的酒厂培养酵母。当年，詹姆斯就从父辈手上继承了这份酵母，他在酒厂运营的时候，会每周把酵母带回家中保存起来。此习惯也一直延续到他的曾孙，从未断绝。而这份传承了数百年的酵母，就是金宾的风格所在。

金宾的另一酿酒核心在于陈年管理。诚然，波本威士忌都只会一成不变地用全新的美国橡木桶熟成。但是，在以铁皮盖顶的陈年车间中，靠近屋顶的，桶藏随日照升温；靠近底层的，因避光而凉快，这样的环境差别就会让酒液有着极大的风格差异。从这种差异中找到共性进行调配，就是金宾今天的创新，也是它能够成为世界十大威士忌的重要砝码。

杰克丹尼，世界销量第一的美国威士忌，也是"美国梦"的代表。

蒸馏厂起源自一个离家出走的农场小子，杰克·丹尼。从被神父收留，到跟随黑人农奴酿酒师当学徒并创立威士忌帝国，以百万富翁的身份夜夜笙歌。这是穷人崛起的"美国梦"。

那位黑人农奴——尼尔森·格林（Nearest Green），作为杰克的导师与他一起创立酒厂，成为史上第一个非裔的威士忌大师，在种族隔离的年代得到了所有人的尊重。直到今天，格林家族的每一代总有一位成员在杰克丹尼工作，这是种族平等的"美国梦"。

杰克丹尼在全球的风行离不开"爵士乐之王"弗兰克·辛纳特拉（Frank Sinatra）。1947年，弗兰克遇到了杰克丹尼，这瓶酒成为陪伴这位名演员、音乐家的一生挚友*，在无数的场合他都为它发言。也因为这样，杰克丹尼带上了音乐的光环，后来成为最受摇滚乐界人士钟爱的威士忌，随着音乐走遍了世界。这是一个与音乐一同成长的"美国梦"。

杰克丹尼隶属于田纳西威士忌，有着与波本威士忌相近的制作过程，差别只在"枫木炭过滤"，又名林肯郡工艺（Lincoln County Process）的过程。依照法规，所有田纳西威士忌的生命之水都要经过3米以上的枫木炭层进行过滤，去吸收新酒中的杂质，让酒液变得纯净、轻柔。为此，杰克丹尼每年都要耗资逾百万美元去更换炭层。

这一切，都值得，因为这就是独一无二的杰克丹尼，威士忌的"美国梦"。

*当这位伟大的歌手去世时，毫不意外地，一瓶杰克丹尼威士忌成为伴随他长眠的陪葬品。

有趣的是，直到今天，蒸馏厂的所在地摩尔郡（Moore County）依然是一个禁止销售酒精的禁酒郡（Dry Counties），所以我们是不能在蒸馏厂内直接购买到杰克丹尼威士忌的。

中国 China

中国可以说得上是威士忌世界的新力军。

从消费来说，中国的市场氛围越来越热。2021年仅仅一年时间，国内的威士忌进口量就增长了超过40%，进口金额甚至接近翻倍。中国大陆（第五）加上台湾地区（第三），中国已经是苏格兰威士忌（进口总金额）的第二大出口国 。而这一切，只是在短短五年之内发生的，要知道，2015年时中国大陆才刚刚踏进前二十的名单。

于销售而言，市场上也不乏把苏格兰威士忌与中国文化相融的案例。2020年，一套名为"GONG"的单桶威士忌上市。由独立装瓶品牌"Whisky Art Journey"联合前麦卡伦酒厂

董事局主席肯·格里尔（Ken Grier）、威士忌收藏网站RARE WHISKY 101的创办者安迪·辛普森（Andy Simpson）和中央美术学院费俊教授共同打造，融合紫禁城宫殿群中的六个宫殿（太和殿、坤宁宫、交泰殿、养心殿、文华殿、乾清宫）的建筑元素，一上市就备受热捧。

消费热潮吸引了资本的进入，也就是这几年，中国的威士忌酒厂数量从零到现在的过十家。更不用说台湾地区早在世界范围获得赞誉的噶玛兰和南投酒厂，福建大芹、四川峡州、四川叠川、湖南高朗、山东钰之锦等都是已经被市场所认识的酒厂。

在制作上，我们也因地制宜地走着有中国特色的威士忌之路。云南香格里拉酒厂用青稞代替传统的大麦；叠川的长白山橡木桶、峡州的黄酒桶、南投的荔枝酒桶都给陈年环节添加了新的色彩。这也是我们的幸运，因为作为消费者的我们正亲历着中国威士忌的崛起。

GONG系列威士忌

中国

噶玛兰
Kavalan

我国台湾地区的第一个威士忌蒸馏厂，是由台湾金车关系事业（一些大型超市和连锁便利店中常见的伯朗咖啡就是金车旗下的产品）所投建的噶玛兰。

噶玛兰位于台湾东北部的宜兰县，而酒厂的名字就是宜兰的旧称。这里年平均气温高达24℃，酒液熟成的速度比年平均气温只有8℃的苏格兰要快得多。因此，较年轻的台湾威士忌，往往不比苏格兰的一些高年份酒逊色。而"天使的分享"（陈年过程中酒精挥发现象的美称）也由于台湾地区的年温差较大，"天使"会每年硬生生从桶内分享掉6%~15%的酒液，令酒更醇厚、浓缩。可能这也是噶玛兰能在短短十年间就出品多款为人所称道的好酒，搅动世界市场的原因。

2005年投产，在十年后的2015年，噶玛兰已经取得了世界威士忌大奖赛的"全球最佳单一麦芽威士忌"称号，让台湾的威士忌如黑马一般横冲直撞地打乱了世界的格局。为了避免熟悉苏格兰威士忌年限风格的消费者产生误解，噶玛兰旗下主要出品无陈年声明的酒款，独奏（Solist）系列的单桶威士忌正是最受瞩目的系列。

> 噶玛兰的前调配大师张郁岚（Ian Chang）被誉为华人第一威士忌酿酒师，更计划在日本的轻井泽地区修建蒸馏厂，复刻轻井泽的传奇之路。

中国

嵊州

一个发展中的市场,自然会有多样化的市场需求,谁能满足,谁就把握了未来。在中国,就有这样的一个酒厂,在产品风格的多样性和灵活性上铆足了劲,它就是上海巴克斯酒业有限公司旗下的嵊州蒸馏厂。

这个花费五年时间筹备,2021年才正式落成的酒厂可以说代表了世界威士忌的未来。四对形态不一的铜制壶式蒸馏器,外置可加压调温的蒸汽加热器,配备可切换的铜制和不锈钢冷凝器,让嵊州所产的麦芽威士忌在风格上拥有无限可能:常规加热的轻柔,升温模仿直火加热的厚重,在铜质冷凝器内冷却所得的干净,使用不锈钢冷凝器保留更多香味的复杂……由七座蒸馏塔组成的柱式蒸馏器套组,可施行高达334次连续蒸馏,更使得嵊州可任凭想象去寻找合适的蒸馏截取点,创造风味各异的谷物威士忌。由此所缔造的,无论是单一麦芽、单一谷物还是单一调和威士忌,都可能存在着无限的复杂层次。

另一个更为人所称道的是嵊州在橡木桶上所花的功夫。经典的全新、波本、雪莉桶,通过"酒桶共享"计划与国内的啤酒、葡萄酒厂合作得到的世涛啤酒桶、红葡萄酒桶*,还有独步中国市场,把传统中国酒类融入威士忌的黄酒桶。

黄酒(如花雕)是我国苏杭一带的传统酒种。陈年的黄酒因为经过氧化的缘故,在风味上与奥罗露索雪莉酒颇有几分相似。因此,嵊州以黄酒为基调,创造出中国的特色桶型,并在2021年进行了首次灌桶,史称"开元桶"。虽然首批威士忌还没有上市,但是依照当下所见的配备,嵊州的未来无可限量。

想看到成果如何?请静待三四年吧!

*红葡萄酒桶需要经过厂内制桶车间的刨除-烘焙-炭化处理(STR)优化桶的风味。这个技术在噶玛兰被运用得非常成功。

中国

大芹

大芹陆宜蒸馏厂位于福建省漳州市。从2014年开始蒸馏，到2020年产品上市，大芹可谓是占足了市场发展的先机。酒厂位于闽南最高的大芹山上，1544.8米高海拔的降温作用让威士忌的熟成张弛有道。山上的湿润云雾更让陈年中的美酒享受到大自然的气息，如果你在里面找到了清泉般的气息，不用怀疑，这正是大山的味道。

中国

高朗

湖南高朗威士忌蒸馏厂坐落在湖南省浏阳市。这个在国人耳边并不常听到的酒厂实际上每年会出口数十万瓶美酒到欧美的35个国家，是个不折不扣的实力派大厂。酒厂的全套蒸馏设备都能与苏格兰的名厂看齐，鼓型蒸馏器，上斜的莱恩臂，精确的18%酒心截取量都指向着轻柔精细的酒厂风格。还有特别的波尔多红葡萄酒桶、新疆白兰地酒桶的特殊陈年用桶，高朗这个名字，终将有一天会让威士忌爱好者们眼前一亮。

帝霖都柏林玻汀爱尔兰威士忌
（实际上是不经橡木桶陈年的新酒）

166

其他威士忌产地

爱尔兰 Ireland

相传，爱尔兰是威士忌（Whiskey）*的起源之地，现存最古老的威士忌蒸馏厂布什米尔（Bushmills）就坐落于此。在爱尔兰威士忌发展的巅峰期，爱尔兰还曾是全球最大的威士忌生产国。但是，在19世纪末至20世纪初，爱尔兰受到大饥荒、独立战争和美国禁酒令的影响，威士忌产业一落千丈。到了1966年，全爱尔兰仅剩的三个蒸馏厂进行了合并，最终让这个国家变成只有一家酒厂——爱尔兰蒸馏厂公司（Irish Distillers Limited，以下简称IDL）。

直至近些年，爱尔兰的威士忌行业才慢慢地得到复苏，酒厂的数量暴涨到38间（截至2021年），多家新厂正在兴建投产；原本的不带泥煤、三次蒸馏、单一壶式的爱尔兰传统风格（就是IDL的酿制方式）被打破：泥煤进来了，二次蒸馏出现了，连续式蒸馏器的谷物威士忌和调和威士忌也来了……爱尔兰，重新回到世界的主舞台。

*爱尔兰和美国对威士忌的常见拼写方法是Whiskey，并非苏格兰的Whisky。

说到爱尔兰，有三件事情值得去了解。

第一，爱尔兰特有的单一壶式威士忌（Single Pot Still Whiskey）。与名字所说不同，它其实并非只是用一个蒸馏壶所制作的酒，而是指混合了没有发芽的大麦所得到的酒，因而带有奇特的辛香和油脂质感。

第二，传统的三次蒸馏法。不同于苏格兰常见的二次蒸馏方式，曾经一家独大的IDL就只选用经过三次蒸馏的原液，带来相对轻盈顺滑的质感。

第三，连续式蒸馏器是在爱尔兰发明的。1831年，一位名为埃尔斯·科菲（Aeneas Coffey）的爱尔兰人对蒸馏器进行了改进，成功地让威士忌的蒸馏从一次一壶一批次变成源源不断的"流水线"式运作，而这种蒸馏器就被称为科菲蒸馏器，也就是连续式蒸馏器。可惜，执拗的爱尔兰蒸馏厂拥有者嫌弃用这种方式蒸馏的酒口味过于清淡，而一直坚持使用壶式蒸馏器，因此错过了后来调和威士忌爆发的一百多年。

现在的爱尔兰正在不断地向世界发声。知名的老品牌莫过于IDL旗下的尊美醇（Jameson）和知更鸟（Red Breast），还有前文提过的最古老的酒厂布什米尔和最近屡创最贵爱尔兰威士忌纪录的帝霖（Teeling）。

> 趣　爱尔兰威士忌历史悠久，在发展过程中还衍生出了各种围绕威士忌的特殊产品，包括热饮鸡尾酒——爱尔兰咖啡和知名度极高的百利甜酒（Baileys，一种以可可粉、香草荚、糖、奶油和爱尔兰威士忌混合调配的利口酒）。

以爱尔兰威士忌为基酒制作的利口酒：百利甜酒

加拿大 Canada

加拿大是威士忌的第二大生产国，不过，这个产量的"巨人"在国际市场上却少有被提及，原因在于它的绝大部分酒都被运往邻国美国，而甚少把注意力投放到其他市场上。

加拿大威士忌在美国市场销量一直排名第一，直到2010年前后，美国本土的波本威士忌才把这个头衔抢过去。

同样是产于北美洲，加拿大威士忌跟波本威士忌有着完全不同的个性。

第一，使用黑麦。相比起在温暖地区盛产的玉米，黑麦才是能适应加拿大这个广阔但严寒的国土的谷物。黑麦所带来的辛辣和草药气息，是加拿大威士忌给人有别于美国的最大感受。

第二，独特的调和工艺。传统的加拿大威士忌会对本厂的原液进行风味分类，然后调和。原液分成两种：以小麦和玉米为核心，经过高度蒸馏得到的清淡"基础原液"以及以黑麦为主，风味强烈的"调味原液"（用壶式蒸馏法或者从柱式蒸馏器中较低矮的位置截取酒心）。最终的成酒由这两种原液调和而成，口感顺滑轻盈。

想品尝加拿大的经典味道，皇冠（Crown Royal）和加拿大俱乐部（Canadian Club）都不可错过。

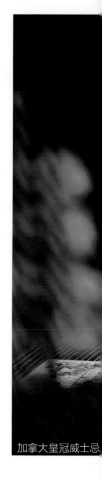

加拿大皇冠威士忌

印度 India

在威士忌的国度里，印度是个带有魔幻色彩的地方。

印度有着过百年的威士忌饮用习惯，17世纪时，英国东印度公司已经把威士忌传播到这里，让印度成为全球威士忌消费总量最大的国家。销量促进着生产，世界销量最高的十大威士忌品牌中，就有七个来自印度，可见其绝对是个威士忌大国。

但是，这样的大国却很少听人提及，为什么呢？

原因在于，在印度的法规中，威士忌是可以用蔗糖和它的副产物糖蜜酿造的——在一般人的认知中，这是朗姆酒的原料啊！所以，这就是让人摸不着头脑的印度威士忌。

当然，在消费大国的背景下，也总会有酒厂坚持正统的风格，那就是印度威士忌的骄傲：雅沐（Amrut）。印度的气候带来了每年16%的天使分享速度，让它需要及早上市，也带来了甜厚、富有油脂的特殊滋味。雅沐曾经获得《威士忌圣经》的最佳亚洲威士忌称号。

温斯顿·伦纳德·斯宾塞·丘吉尔
（Winston Leonard Spencer Churchill）

趣　威士忌的"铁粉"，英国铁血宰相丘吉尔的名言"水不适合直接饮用，为了让它变得可口，我们不得不加点威士忌！"也是他在印度参军时所发出的感慨。

ウイスキー
原材料 モルト、グレーン
●容量 500ml ●アルコール分 51%
製造者 ニッカウヰスキー株式会社6
東京都港区南青山5-4-31

Nikka From The Barrel
Double Matured Blended Whisky
50cl. 51.4%

PRODUCT OF JAPAN
The Nikka Whisky Distilling Co., Ltd.
www.nikkawhisky.eu

3 700597 302378

Imported by La Maison du Whisky
9-11 rue Martre - 92110 Clichy France

由LMDW引进到法国的日本威士忌

法国 France

消费推动生产，作为苏格兰威士忌的出口大国，法国的威士忌产业也空前发达。

前有著名威士忌专卖店威士忌商人（La Maison Du Whisky Paris，简称LMDW*），搜罗全球顶级名酒在法国销售；后有遍布法国的20多家蒸馏厂，出产风格各异的威士忌。这些蒸馏厂有些是对苏格兰经典风格的全面复制，而更多是从法国原本的葡萄酒和白兰地的传统上延伸出来的风土导向威士忌。这些威士忌，有一些会追寻自种大麦，还会把荞麦等特色谷物用来制作威士忌，有些爱用法国的橡木桶陈年，获得了均衡且充满个性的美酒。

*2017年，LMDW曾失窃，损失了价值10万欧元的52年轻井泽1960。看来，这位雅贼也是威士忌的大行家。

老饕面对面

酒，是一片知识的海洋。

在接触威士忌的时候，总免不了会遇到一些难解的关卡：人们常说的泥煤风味，究竟是什么东西？12年的威士忌比18年的差？威士忌不都是用橡木桶陈年吗？那雪莉桶又是什么？为什么那些酒精度高、辛辣呛喉的威士忌会比柔顺易饮的威士忌卖得贵？

这时候，坐下来，找一位老饕给你面授玄机，往往就能为你排忧解难。还等什么？晋升行家的机会就在前面，冲吧！

泥煤怪兽12.1单一麦芽苏格兰威士忌

小白：好像身边有很多人都说自己爱喝泥煤味的威士忌。我尝试了一口就"怀疑人生"了。究竟它是什么，为什么那么讨人喜欢呢？

泥煤

泥煤（Peat），是煤的原始状态，主要是由苔藓、石楠、蕨类等植物的残骸经细菌腐化分解而成。苏格兰的大部分地区都覆盖着泥煤，由于它容易取得，所以成为当地人们日常生活的主要生火薪材，也顺理成章地被用于烘干麦芽，使威士忌附上了泥煤的风味。

如今，更多的麦芽都会用电热空气烘干，泥煤变成了一个怀旧的可选风格。而发麦烘干的过程大多也是由专业的制麦厂负责，泥煤的来处、泥煤味道的轻重都可以"定制"，蒸馏厂只要按需购买就行。只有寥寥数家酒厂还在坚持自行发麦和烘干，甚至自行开采泥煤，使得威士忌的风格更独一无二。高原骑士的花香气息就是来自奥克尼岛上的泥煤田，波摩和拉弗格则因为采用自家的艾雷岛泥煤田，让酒液带有了独特的消毒水、碘酒和海水的气息。

在泥煤的世界里，有一个化学指标可以让大家估算泥煤风味的轻重，那就是呈现出独特风味的酚类物质的PPM（Parts Per Million）数值。PPM值越高，泥煤的风味越浓郁。

·1~5 PPM属于低泥煤，泥煤味几乎感觉不到。

·15~25 PPM属于中泥煤，酒中带有不强烈的烟熏风味，例如泰斯卡、波摩和高原骑士。

·30PPM以上属于高泥煤，具有十分强劲的泥煤味道，以艾雷岛"泥煤三巨头"中的拉弗格和乐加维林为典型代表。

·50 PPM以上是超强泥煤级别，阿贝就是这个级别的酒，当然还少不了超过100 PPM的"泥煤怪兽（Octomore）"。

值得注意的是，随着陈年时间的增加，泥煤气息会逐渐减弱，因此，如果你是泥煤风味的偏好者，新年份的酒可能才是你的选择。

欧石楠,这是奥克尼岛上泥煤的本原,也是此地的泥煤会带有花香的原因

艾雷岛是最为知名的泥煤风味威士忌产地。艾雷岛的泥煤让这里的威士忌带有麝香、硫黄、沥青和鱼露等风味,着实令人难忘。另外,部分斯佩塞和高地的蒸馏厂也会出品含有本土泥煤风味的酒款。其风格平衡、复杂,兼得烟熏风味和甜美感。这些酒多是大型蒸馏厂的玩票之作,代表性的如麦卡伦的黑M(The Macallan M Black)、汤玛丁的魅影之灵(Cu Bocan)和百富14年故事系列的一周泥煤(The Balvenie Week of Peat 14 Year Old)。

独树一帜的泥煤风味不断地征服世人的味蕾,也在人们的脑海中留下了对苏格兰威士忌的深刻烙印。或许你现在不能接受,但只要你一直喝威士忌,终有一天会喜欢上这种狂野、刺激的自然之味。

趣 日本著名作家村上春树在《如果我们的语言是威士忌》中所写:"第一口,这到底是什么?第二口,有点怪,但不坏。第三口,已经成了艾雷岛的酒迷"就是形容泥煤的风味。

日本作家村上春树的作品《如果我们的语言是威士忌》

收集新酒的"烈酒保险箱"

小白: 我看每个酒厂在介绍自己的产品时, 都会很自豪地说它是怎么蒸馏的。我一个喝酒的, 为什么要管这些呢? 没养过猪就不可以吃猪肉吗?

蒸馏

很多威士忌爱好者往往会把蒸馏过程的术语挂在嘴边: 直火加热还是蒸汽加热, 蒸馏壶的大小和形状, 有没有提纯器, 天鹅颈的倾斜角, 冷凝器的种类, 蒸馏的速度和次数, 酒心截取的范围阔窄, 铜接触的多寡……这些字眼, 每一个都象征着一种酒的风格。

但是, 要把这些内容都弄清楚, 不是三两天的工夫。对一般的消费者而言, 熟悉几个常被提及的术语就已经足够了。

对新酒进行酒精度测量

蒸馏次数和酒心

在苏格兰，制作麦芽威士忌起码需要经过两道蒸馏程序。

第一次蒸馏时把酒精度8%~10%的麦芽酒（Wash）提纯到超过20%，随后，将这种低度酒（Low Wine）进行第二次蒸馏，让酒精度升高到70%左右。第二次蒸馏时，蒸馏师会收集截取香气最浓厚、最怡人部分的生命之水，这就是"酒心"。所取的酒心占比越少，新酒的风味越纯粹；酒心占比越大，风味便越复杂。

如果经过两次蒸馏还觉得提纯不足，还可以再加一次蒸馏。三次蒸馏是爱尔兰传统的蒸馏方法，但也会被苏格兰和其他地区追求纯粹风格的酒厂使用。经过这多一次的物质重组，新酒的质地更轻盈，香气更清新，这就是爱尔兰的经典风格。

> 为获得更独特的风味口感，有些酒厂会设计更复杂的蒸馏系统，就像云顶的2.5次蒸馏和慕赫酒厂独有的2.81次蒸馏。

汤玛丁的蒸馏壶

蒸馏器类型

如今，最常见的蒸馏器可以分为两种：壶式蒸馏器（Pot Still）和柱式蒸馏器（Column Still）。前文所说的二次、三次蒸馏都是壶式蒸馏器的范畴。

与此相对的就是柱式蒸馏器。柱式蒸馏器外形是竖立的高大圆柱体，内部被穿孔板分成许多"小节"，构成如竹子一样的结构。原理上，可以把每一小节看作一次壶式蒸馏，所以经过这个多节的蒸馏器蒸馏后，所得的基酒等于经过了多次提纯，能得到风格非常纯净的原酒。

柱式蒸馏器往往设计成上端灌入麦芽酒，下端通入蒸汽的样式。酒和蒸汽不停，蒸馏也不停止，因此它也被称为连续式蒸馏器，常用于制作谷物威士忌。这样的蒸馏器可以一次性得到酒精度高达94.8%的生命之水。

当然，如果减少蒸馏柱的节数，它也可以得到风格浓厚的酒。这就是美国波本威士忌的通用蒸馏方式了。

小白：好多人买酒就是看酒瓶上的那个数字。而且我发现，数字越大的酒越贵。究竟这个数字是什么意思？

陈年

橡木桶陈年的过程是一款威士忌个性塑造上最重要的阶段，常有"一瓶酒的风格七成来自陈酿"的说法。在陈年的过程中，橡木桶把自己的颜色、辛香和甜润释放到酒液中，同时把酒中刺喉的物质尽数吸收。而氧气透过桶壁的细孔与酒液接触，让酒液的香气变得更富有层次，口感更加圆润醇厚。

随着陈年时间的推移，来自蒸馏所得的麦芽和花果香气会逐渐弱化，随之而来的是干果、蜂蜜、皮革等陈年香气。如果时间太短，则香气缺乏深度，口感刺激辛辣；如果时间过长，威士忌的香气变得寡淡无趣。

当风味发展到最巅峰的时候，就是威士忌装瓶的"黄金时间"。

从入桶到装瓶，中间的过程是不以人的意志所改变的演化过程，也就是大家所重视的陈年过程。而酒标上所标记的数字，往往就是瓶中酒液的最短陈年时间。

汤玛丁系列威士忌，从左往右分别是12年、18年、无陈年时间声明的传奇和14年

下面是不同年限威士忌的风格：

·12年或以下：市面上最多见的酒，口感年轻而充满活力，果香新鲜。

·13~20年：威士忌市场的中坚力量，平衡了青春和成熟，融合了力量和雅致。此区间的酒，个性都非常鲜明。

·21年或以上：进入到珍稀威士忌的领域，层次丰富，口感醇厚。

·无陈年时间声明（以下简称NAS）：一般来说，NAS的酒款大多是酒厂的入门级产品，当中的酒液陈年时间较短。但是，在威士忌消费日渐成熟的今天，厂商不希望消费者只以年份来判断酒的质量。因此，各大名厂纷纷推出高级别的NAS酒款。麦卡伦曾创下世界拍卖纪录的麦卡伦璀璨系列（The Macallan M Imperiale），汤玛丁旗下世纪（Decades）系列酒款都是顶级无陈年时间声明威士忌的代表。

随着时间的推移，除了风味的发展，桶中酒液的量也会发生变化。因为橡木桶的多孔结构*，酒液在陈年的过程中会逐渐挥发消失，桶中余酒会变得越来越少。酒液挥发的速度与木桶的大小、材质的松紧、空气的湿度、昼夜的气温和冬夏的温差都相关。在苏格兰，一般公认的速率是每年1%~2%的挥发量。来到中国的台湾和美国的肯塔基，这个数字便递增到4%。如果在印度，挥发量甚至可以高达每年6%

趣 *古时，由于人们无法理解挥发的现象，莫名消失的酒液让人们窃以为是天使享用了酒液，因此把这个过程美其名曰"天使的分享"。

老年份的酒为什么那么贵？

·成本：数十年的时间是威士忌的最大成本，加上"天使的分享"所带来的原液减少，老年份威士忌永远都价值不菲。

·稀少：大部分威士忌的黄金装瓶时间都在10~20年，达到30年、50年、82年的威士忌相当罕见。此外，数十年来"桶生"一直平安顺遂，原桶的状态良好、不出现渗漏，市场稳定、无须提前装瓶变现，没有被地震、火灾、战争等天灾人祸所毁，更是难得。

檀都50年单一麦芽威士忌

 小白: 跟行家们喝酒, 他们第一时间就问这瓶酒是用什么桶陈年的。不是说都是用橡木桶的吗, 怎么又冒出来那么多稀奇古怪的名字呢?

橡木桶

橡木桶的陈年决定了酒的大部分个性。除了时长外, 用于陈年的橡木桶种类也决定了一款威士忌的核心风格。想要变成行家, 桶的材质、使用的次数和润桶的酒液, 都需要知晓。

再深挖的话, 桶的大小、摆放的方式、不同橡木桶原液的调配比例、过桶工艺中各自存放的时长等用桶学问, 都是行家们痴迷的信息。

用于制桶的橡树

材质桶型分类

就木材而言,威士忌的陈年用桶主要由欧洲的红橡木(Red Oak)、美国的白橡木(White Oak)和日本的水楢木(Mizunara)制成。

欧洲的红橡木主要产自西班牙北部和法国。木质比较松,单宁含量高,透气性好,所制作的橡木桶会为酒带来较多的香料气息和单宁质感,一直以来都是各类欧洲名酒的传统用桶。但是,欧洲橡木生长缓慢,平均80年才能成材,而且出于保护森林的缘故,开采数量有限,所以来源稀缺,价格高昂。

美国白橡木是北美地区常用的木材,在家具、建筑行业都颇为常见。它生长快,30年即可成材,价格适中,是今天威士忌酒厂最常用的桶材。白橡木材质较坚硬,木材赋予的香气会比较内敛,以香草、椰子香气为主。

日本特有的水楢木属于蒙古栎树。在无法获得欧美橡木桶的第二次世界大战期间,日本的蒸馏厂只有把寻找橡木的目光转向国内,最终看上了北海道的"水楢木"。以制桶工业的角度来考量,水楢木有万般不足:桶纹竖直、易渗漏,树形扭曲、取材难,产量奇低、难满足需求(每年只近百桶)。但经它陈酿的酒香气独特,其带有禅意般的檀香、沉香和森林香气,让西方酒评家深深着迷,也因而成为高品质日本威士忌的标记。水楢桶最早被山崎蒸馏所所用,现在,苏格兰的波摩和芝华士也推出了以水楢桶陈年的酒款。

浸润酒分类

在苏格兰,蒸馏厂尤爱经酒液浸润过的旧木桶,而不是新制作的桶,原因不单是因为桶内口感粗糙的物质已被去除,更因为原木桶装过的酒会被吸收进桶壁,可以让威士忌更新增一丝韵味。酒液浸润木桶的过程被称为"润桶",润桶酒液对威士忌的风格影响极大,而我们也常按照酒液的种类来命名木桶,如波本桶和雪莉桶等。

波本桶 Bourbon Barrel

曾陈年过波本威士忌的橡木桶,会让酒带有香草、椰子、黄油和太妃糖等甜香。由于波本的法例规定了橡木桶必须"全新",所以每个桶在首次使用后都无法被回收再用,最终只能运往大洋彼岸的苏格兰,成就自己的对手。由于来源广泛,价格适中,波本桶是今天苏格兰威士忌行业中使用最广泛的常规桶。

雪莉桶 Sherry Butt

曾存放西班牙雪莉酒的橡木桶，所陈酿出的威士忌风格厚实、甜润。雪莉桶是现在最受市场热捧的用桶，更是拍卖行情最好的桶。

雪莉酒产自西班牙南部小城赫雷斯（西班牙文Jerez, 英文Sherry）。趁着邻近港口的运输之便，雪莉酒在波澜壮阔的大航海时代就红遍世界，连莎士比亚（William Shakespeare）和哥伦布（Christopher Columbus）都是它的忠实"粉丝"。

源自桶内陈年的不同机理，雪莉酒的风格多样，下面是它的几大主流分类：

菲奴（Fino）：陈年时酒液中产生雪莉酒特有的"酒花酵母（Flor）"，带有独特的酵母和青苹果的香气；

奥罗露索（Oloroso）：陈年时没受到酒花酵母的影响，在氧气的干预下，得到浓郁的烤杏仁和太妃糖的香气；

阿蒙提拉多（Amontallado）：同时带有菲奴和奥罗露索特征的酒；

佩德罗希梅内斯（Pedro Ximénez）：简称"PX"，以晒干的葡萄所制作的甜型雪莉酒，既有奥罗露索的风味，又有葡萄果干的甜香。

20世纪80年代时，西班牙政府颁布法规，雪莉酒只能以瓶装的形式出售。如此一来，以往桶装雪莉酒运到英国进行销售的景象就此消失，苏格兰威士忌产业再也无法取得雪莉酒卖光之后被"弃用"的酒桶，只能以定制的形式去获取威士忌陈年所需的雪莉桶。加上近几十年间，雪莉酒越来越被人淡忘，产量直线下滑。这让雪莉桶的存量变得稀少，成本也变得尤为高昂。当下，以雪莉桶闻名的酒厂已不足五指之数，而且，每家都是极受市场追捧的名家，包括麦卡伦、格兰花格、高原骑士和檀都等。

 今天，在苏格兰，雪莉桶和波本桶的比例达到了1:20。

烤制中的橡木桶

朗姆桶 Rum Cask

朗姆酒是来自加勒比地区的烈酒，以甘蔗和它的附属品糖蜜酿造蒸馏而成。朗姆酒的口感柔顺，带有浓郁香甜的甘蔗、芒果和香蕉等热带水果香气。经过朗姆桶陈年的威士忌会沾上朗姆酒最迷人的柔顺和甜美，非常讨人喜欢。

波特桶 Port Cask

波特酒产自葡萄牙，与雪莉酒类似，也在大航海时代就走遍世界。历史上，葡萄牙和英国的亲密关系使得今天的顶级波特酒集团都是由英国的贵族和商人所创立，因此，波特酒一直都是英国的全民用酒，更是英国皇室所有庆典宴会的压轴标配酒款。爱屋及乌，以波特桶陈年的威士忌也得到了英国酒厂的青睐。

波特酒也有多个分类，与威士忌相关的主要是其中两种。红宝石（Ruby）波特酒，以新鲜的浆果香气为核心的酒，会给威士忌带来更多的果香。茶色（Tawny）波特酒，在酿造的时候经过氧化式的陈年，所以有着坚果、太妃糖和巧克力的浓厚香味，给威士忌增添了更多的香气层次。

葡萄酒桶 Wine Cask

优质葡萄酒往往需要橡木桶来增色添香，兴旺的葡萄酒产业让酒桶的来源得到保障，使得威士忌厂商不断地探索在它身上的运作空间。法国波尔多苏玳（Sauternes）甜酒的桶，加拿大和德国冰酒（Icewine/Eiswein）的桶都是当下的流行用桶。原本沁人肺腑的甜酒芬芳与威士忌的强烈个性相融，得出的都是惊喜。

红葡萄酒桶的选择就更多了。有趣的是，选桶的时候厂家往往会选择意大利的巴罗洛（Barolo）、西班牙的里奥哈（Rioja）和法国的波尔多（Bordeaux）等著名产区的桶。用桶原则仿佛甚少从口味出发，而是依名气排序。如果一些厂商能找到名厂酒桶，像波尔多的拉菲古堡（Chateau Lafite Rothschild）和玛歌（Chateau Margaux），意大利的西施佳雅（Sassicaia）来陈年的时候，所得产品往往一上市就被藏家们清扫一空。

汤玛丁法桶系列威士忌，经过法国知名产区酒桶过桶熟成所塑造的新颖风格美酒

其他桶 Others

原则上而言，几乎所有的橡木桶都可被用于威士忌的陈年。人们的想象力也使威士忌的用桶边界在不断拓宽，啤酒桶、苹果酒桶和白兰地酒桶都是常见的例子。特别是当威士忌踏足到东方的时候，日本的清酒桶和烧酒桶，中国的荔枝酒桶跟黄酒桶等都纷纷涌现，看来，威士忌的世界注定会越来越精彩。

"当世最强桶"

桶材与浸润酒液相结合才可精准地勾勒出一个苏格兰威士忌的橡木桶轮廓。产自西班牙北部森林的欧洲红橡木加上奥罗露索雪莉酒的润桶，是最豪华的搭配。最有传奇色彩的麦卡伦和轻井泽都是从这样的橡木桶中酝酿而出。

装填次数分类

根据威士忌是第几次与润桶后的橡木桶进行接触，可以把桶分为初填桶和重填桶。

初填桶（First-Filled）：经过润桶后，初次陈放威士忌的橡木桶。由于是第一次和威士忌相遇，桶内丰富的香气物质都会融入酒内，最终的酒丰厚浓郁。

重填桶（Re-Filled）：顾名思义，就是被重复填充的桶。由于酒桶内的物质在首次填充时被大量吸取，重填桶所释放的木桶风味会相应减少，最终的酒往往表现出更多的原液的个性和时间的味道。

过桶 Wood Finish

过桶，也叫收尾。这种独特的操作是把经过充分陈年的酒换进另外一个橡木桶中进行短暂的二次熟成。用于二次熟成的橡木桶往往与第一次陈年的桶属于不同的类别，因此可以给酒添加不一样的风味。百富、格兰杰、汤玛丁都是擅长过桶工艺的名家。

小白：有两瓶威士忌，同一个牌子，同一个年限，但是价格可以差上好几倍。如果问那些行家，他们一句话"贵的那瓶是单桶"就算回答了我。究竟单桶是什么呢？

单桶威士忌

2021年8月24日，"东方之珠"香港，邦瀚斯（Bohams）拍卖行中一桶麦卡伦的1991原桶威士忌，桶号21429，以追平世界纪录的446.4万港元落槌，荣膺全球最贵的单一原桶威士忌。这桶威士忌的得主会怎么享用它还尚属未知，不过，大概率会是直接灌瓶，分装成202瓶佳酿。而这202瓶，就是位于收藏价值金字塔顶端的单桶威士忌。

单桶威士忌（Single Barrel/ Cask）指的是源自一个橡木桶，陈年结束后未经混合调配的威士忌。

橡木桶陈年是威士忌风味的主要来源。就如世界上没有两片完全相同的树叶一样，每一桶原液陈年发展出的风味自然也千差万别。对于规模化的常规产品来说，通过混合兑和来营造出风格固定的威士忌是调配大师（Master Blender）在调配上的工作展现。对于单桶威士忌来说，寻找最具有特质和个性的桶藏，展现它自身的魅力，则是对大师在选桶能力方面的挑战。

因为每一桶单桶威士忌都有本质的差别，所以，装瓶时酒厂通常都会在酒标上注明木桶的编号、蒸馏年份、装瓶日期和总瓶数。此外，以桶强装瓶最为常见。

独一无二和绝对限量，使单桶威士忌成为收藏家的最爱。三得利旗下，山崎和白州鲜见出产的业主桶（The Owner's Cask），帝亚吉欧的原桶臻选，羽生的扑克牌系列都是只以单桶形式上市的威士忌，而且有越来越多的酒厂每年限量推出单桶的产品。独立装瓶商SMWS、邓肯泰勒以及麦卡莱旗下的独立装瓶商系列——老酋长等，也是单桶威士忌的常客。

时间，是最高明的选桶大师。因为每一桶酒黄金的装瓶时间都不一样。能经得起时间的考验，坚守到数十年后的桶藏是极为罕见的。由于稀有，这些老年份的酒更爱单桶装瓶。世界纪录中的1926年麦卡伦单一麦芽威士忌，就是一款只有40瓶的单桶威士忌。

小白: 我发现, 很多威士忌的酒精度不一样, 它有什么讲究吗?

酒精度

对于烈酒来说, 酒精承载了它的香气和口感。所以, 知晓酒精度背后的故事, 就明白了酒的个性, 也知道该怎样挑选自己喜欢的酒款。纵览整个威士忌的制作过程, 酒精度的变化最主要受到陈年和稀释两大过程的影响。

在橡木桶中熟成时, 生命之水会因挥发而不断减少。其中, 酒精的挥发速度远快于其他的成分, 这就导致了桶中余酒的酒精度会不断下降。下降的速率与桶的材质和大小, 环境的气温与湿度有关。理所当然, 与陈放时间的长短关系也极大, 年份越老的威士忌, 酒精度自然也降得越低。

如果我们直接把这些桶内的原液不经稀释直接灌瓶, 就得到了 "Cask Strength" ——桶强（原酒精强度）威士忌。桶强威士忌未经稀释, 制作的成本较高, 风味更浓郁和具有凝聚感, 是今天引领着潮流的强壮派威士忌。

汤玛丁桶强单一麦芽威士忌

酒精度为48.6%的玫瑰堤岸30年单桶单一麦芽威士忌

一般的威士忌在调和后都会加水稀释，酒液的最终酒精度就取决于此。对于调配大师来说，酒精度的多少，会视这瓶酒的成本和期望的风格而定。下面是常见的酒精度。

40%　在市场上最普遍的酒精度，这也是欧盟和美国法律规定的威士忌最低酒精含量。

43%　在第一次世界大战前，43%是世界通用的威士忌基准酒精度。但在战争期间，粮食的紧缺让威士忌的生产受限，不得已之下法规进行了调整，出现了上面的40%。今天，这个高出的3%意味着溶于其中的芳香类物质更多，酒液的风味也更复杂，是对品质要求较高的蒸馏厂会使用的度数。

46%　采取冷凝过滤操作的酒精含量分界线。酒液中的长链酯类芳香物质于水难溶，在低于46%酒精度的情况下，这些物质会被酒液释出，形成混浊物，影响美观。因此，绝大部分酒厂在装瓶前都需要对酒进行低温冷凝和过滤的操作，清除这个酯类物质。然而，有酒厂认为操作会不可避免地造成香气和口感的损失。因此他们不惜成本，把酒液保留较高的酒精度，避免使用冷凝过滤。

其他　除了这些常见度数以外，还有一些酒厂会使用自己心中的完美酒精度装瓶：如泰斯卡风暴的45.8%，麦卡伦奢想湛黑的48%，贝瑞兄弟与罗德经典系列纯麦调和威士忌的44.6%。

题　根据科学家的研究，在不同的酒精度数下，威士忌释放到空气中的香气物质会有所不同。度数较高的时候，果干和泥煤的香气更显突出；度数调低的时候，花香跟鲜果的气息更有优势。也正因为酒精的比例会影响香气，所以专业人士会提倡滴水饮用，降低酒精度，感受酒液多层次的香气。

附录I：常见术语

Batch Distillation	分批蒸馏，苏格兰麦芽威士忌所使用的蒸馏方法。但是工艺较烦琐，成本较高，需要资深酿酒师的精心把控才可处理妥当
Barrels	美国标准橡木桶（US Standard Barrels）的简称，200升。也就是波本威士忌陈酿的标准用桶
Butt	478~500升的桶。在英国的酒类行业，Butt是一个计量单位，等于108英制加仑。传统上雪莉酒会用这个大小的桶进行陈年，所以业内常会称雪莉桶（Sherry Butt）
Continuous Distillation	连续蒸馏，谷物威士忌的蒸馏方式，所得到的酒口感柔顺易饮
Dram	达姆，威士忌的度量单位。在酒吧，一个达姆往往通常为一玻璃杯，等于40~50毫升
First-Filled	初次装填，指的是橡木桶与威士忌的首次接触陈年，会给酒带来大量的橡木桶和浸润酒的气息。与此相反的就是重新装填（Re-Filled）
Floor Malting	地板发麦，最传统的发麦方式，把浸泡后的大麦平铺在地板上进行的发麦。需要耗费大量的人力，效率低下，但是成为极少数传统蒸馏厂的特色
Hogshead	猪（Hogs）头（Head）桶，225~275升大小的橡木桶，从英国旧有的容量单位Hoggeshede变化而来。最常见的猪头桶是通过把200升的波本桶拆片重新拼装而成。比波本桶稍大，因此与酒接触的面积有所改变，熟成的速度比波本桶要慢
Lyne Arm	林恩臂，连接蒸馏器和冷凝器的横向管道，它的倾斜角度影响回流强度，对新酒的风格有极大影响
Master Blender	调配大师，蒸馏厂的灵魂人物。在威士忌领域，原液调配的环节对成酒的影响最大，因此，酒厂在酿造环节，把控风格和品质的负责人被尊称为调配大师

Natural Color	不经焦糖色添加的酒
None Age Statement	NAS, 无陈年时间声明, 即酒瓶上没有标记橡木桶陈年时间的酒。往往混合了部分较低年份的酒液
None Chilled-Filtration	不经冷过滤。冷过滤可去除酒液中混浊微粒, 但是可能损失一些香气口感。当酒精度在46%以上的时候, 不经冷过滤也可保持清澈
Octave	拉丁语词根为8, 意思是1/8大小的雪莉桶(Sherry Butt), 约等于63升
Proof	一个威士忌酒精含量的单位。在美国, 1%的酒精等于2单位proof。但是, 在苏格兰有不同的折算比例
Puncheon	邦穹桶或柱桶(Puncheon又可译为房子的支柱), 约273~454升的大桶
Pure / Vatted Malt	混合麦芽威士忌的称呼, 已经被废除
Quaich	双耳小浅酒杯, 最传统的威士忌用杯。由于它的经典, 苏格兰威士忌协会以这个杯子为原形制定出一个重要的荣誉: 为世界上对威士忌推广做出杰出贡献的人颁发"双耳浅酒杯持有者"的荣誉称号
Quarter	意思是1/4大小的雪莉桶(Sherry Butt), 约等于125升
Reflux	回流, 指蒸馏时酒液的蒸汽遇冷, 变回液态回落到蒸馏池的过程。回流越大, 对酒液的分离性越强, 越容易得到特定香气的新酒。制作单一麦芽威士忌的时候, 蒸馏器越高, 回流越明显, 花果香气越明显, 如格兰杰; 蒸馏器越矮, 麦芽和辛辣香气越多, 如麦卡伦
Whisky / Whiskey	威士忌对应的两大英文名。Whisky 主要在苏格兰、日本和加拿大使用; Whiskey 则是在爱尔兰和美国使用

附录II：
著名的威士忌书刊和大赛

《威士忌杂志》 *Whisky Magazine*

自1999年1月创刊以来，《威士忌杂志》已经成为全球最具影响力的行业杂志，供稿的作者涵盖了苏格兰威士忌产业的众多专家，杂志还被翻译成英文、法文、西班牙文、日文、希腊文和中文等多个版本。杂志每年评选的年度人物/蒸馏厂（Icons of Whisky），名人堂（Hall of Fame）等奖项都是业界的最高荣誉。

另外，《威士忌杂志》还发起了一系列专业比赛，有独立装瓶商挑战赛（Independent Bottlers Challenge）、世界威士忌设计大奖（World Whiskies Design Awards）和最受瞩目的世界威士忌大奖赛（World Whiskies Awards）。从比赛制度上看，世界威士忌大奖赛可能是同类比赛中最严格的，因为并不是所有的威士忌都能成功入选参赛。比赛开始前，威士忌需要经过评委会在英、美、日等地的海选，合乎资格的酒才能送到英国，进行共三个阶段的正式评选。

从初选质量评分，到半决赛筛选出优胜者进行类目最佳大奖竞逐，最终再根据威士忌的分类评选出"最佳单一麦芽""最佳调和""最佳谷物"等最高奖杯。日本的余市、山崎、轻井泽等顶级酒款就是通过这个大赛才脱颖而出，为日本威士忌争得了今天的国际地位。《威士忌杂志》同时是世界性威士忌盛事Whisky Live的主办方。

《威士忌圣经》和《威士忌杂志》

《威士忌圣经》 *Whisky Bible*

《威士忌圣经》是很多酒友的入门选酒手册，堪称"威士忌中的米其林指南"。主编吉姆·莫瑞（Jim Murray）原是一名记者，后来因为迷恋威士忌，辞去工作，一门心思扑在威士忌上，并在2003年出版了他的第一本《威士忌圣经》。

迄今为止，《威士忌圣经》已经收录了超过4600款威士忌。凭借客观的见解和精准的描述，《威士忌圣经》赢得了巨大的赞誉。现在炙手可热的日本山崎雪莉桶威士忌（Yamazaki Single Malt Sherry Cask Whisky），就曾在2015年获得《威士忌圣经》的"年度世界最佳威士忌"，从此价格居高不下。

《威士忌圣经》的评分参考：

98~100分	绝无仅有，空前绝后的完美口感
94~97.5分	威士忌的"超级巨星"，是我继续担任酒评家的理由
90~93.5分	精彩，让人赞叹不已
85~89.5分	非常棒，值得掏腰包
80~84.5分	好酒，值得一尝

《威士忌倡导家》 *Whisky Advocate*

《威士忌倡导家》来自苏格兰威士忌最重要的消费市场和波本威士忌的大本营——美国，这本杂志创刊20多年来对威士忌的发展有着举足轻重的影响力。背后的撰稿人同样权威，《世界威士忌地图》的作者戴夫·布鲁姆（Dave Boom），《一生必喝的101款威士忌》的作者伊恩·巴士顿（Ian Buxton）都是其中成员。

此外，《威士忌倡导家》还赞助了美国最大的威士忌酒展（Whisky Fest），吸引了无数威士忌爱好者前往美国"朝圣"。

美国旧金山世界烈酒大赛
The San Francisco World Spirits Competition

美国旧金山世界烈酒大赛是美国最重要的酒类大赛。前身是1915年就开始举办的巴拿马太平洋万国博览会*。后来,由于博览会的参展商以烈酒为主,加上政治的原因,2001年,赛事更名为美国旧金山世界烈酒大赛,简称SFWSC。

比赛会以四天的马拉松式盲品拉开序幕,根据酒款的盲品结果评出金奖、银奖和铜奖。过程中,得到全体评委一致金奖好评的酒被定为更高级别的双金奖(Double Gold)。连续三年得到双金奖的酒款还能晋升为白金奖(Platinum)。

比赛的最后一天,评委会针对获得双金奖的所有酒款进行再次评选,选出项目最佳酒款(Best of Class)和大赛最佳酒款(Best in Show Premium Award)的称号大奖。

*这次巴拿马博览会就是茅台曾经参加并获得金奖的大赛。

国际葡萄酒暨烈酒大赛
International Wine & Spirit Competition

国际葡萄酒暨烈酒大赛简称IWSC,由酒类学家安顿·马塞尔(Anton Massel)在1969年创办。这个比赛是业界公认的顶级酒类竞赛,每年接收过万款酒参赛,向来有"酒界奥林匹克大赛"之称。其中,威士忌分为苏格兰威士忌、爱尔兰威士忌、美国波本威士忌及世界其他威士忌四个分区。由全球知名的酿酒师、酒评家组成近400人的专业团队,在恒温的品酒室内进行盲品打分,评选出金奖、银奖和铜奖。金奖的酒款还可以经过评委的再次品评,角逐最后的类目最佳奖杯。

鸣谢

感谢下列威士忌生产运营公司、经销机构及品牌主理人为本书提供必要的资讯和图片:

Ian Macleod Distillers Ltd.
The Tomatin Distillery Company Ltd.
Duncan Taylor Scotch Whisky Ltd.
爱丁顿洋酒(上海)有限公司
百富门酒业(上海)有限公司
宾三得利洋酒贸易(上海)有限公司
保乐力加(中国)贸易有限公司
大芹陆宜蒸馏所
格兰父子洋酒贸易(上海)有限公司
汇泉(上海)洋酒贸易有限公司
崃州蒸馏厂
浏阳高朗烈酒酿造有限公司
罗曼湖集团Loch Lomond GROUP
酩悦轩尼诗帝亚吉欧洋酒(上海)有限公司
人头马君度(中国)
上海金车食品销售有限公司
苏格兰单一麦芽威士忌协会
赵心哲

同时,需要特别感谢为本书图片的取得、拍摄提供帮助的机构及个人:

轻井泽威士忌藏品: 庄穗君
美食搭配栏目的出品: 御口福饮食集团
鸡尾酒的制作和拍摄: The Shambles威士忌吧

以上排名不分先后

富隆美酒学院

富隆美酒学院隶属拥有超过25年行业经验的知名酒类运营商——富隆酒业，是国内率先从事酒类文化传播和普及培训的机构。

2000年起，富隆美酒学院先后编撰了多部酒类知识读物，如《葡萄酒鉴》《葡萄酒鉴赏手册》及季度刊物《富隆美酒生活》等，是中国葡萄酒文化传播的先驱者。2010年，美酒学院更打造出了"富隆美酒丛书"——《葡萄酒导购》《葡萄酒指南》《葡萄酒名庄》和《葡萄酒随身手册》等多本脍炙人口的书籍。

除了文字传播外，富隆美酒学院更认同"纸上得来终觉浅，绝知此事要躬行"的理念，在全国各地组织培训活动，至今已累计培训各类学员逾三万人次，堪称"中国美酒行业黄埔军校"。

面对近年的威士忌热潮，富隆美酒学院也涉足威士忌领域，从英国引进威士忌大使课程、单桶威士忌和全球威士忌等国际课程，更合作研发获英国持续专业教育（Continuing Professional Development，简称CPD）认可的艾雷岛威士忌课程，为国人带来对威士忌的真知。

富隆美酒学院更凭借多年的积累，为广大读者奉献出这本由本土团队原创的威士忌文化普及书籍。正如我们一直所坚守的：让美酒成为人们生活中的幸福源泉。

更有品位的生活，更加欢乐的时光——你值得拥有！

项目规划: 蔡颖姬
编辑: 林瑞丰
摄影: 王健智、何锐彬、詹畅轩
设计: 王健智、何锐彬